インプレスR&D [NextPublishing]

仕事で使える! シリーズ
E-Book / Print Book

仕事で使える! Googleドキュメント

Chromebookビジネス活用術

2017年改訂版

深川 岳志 著
佐藤 芳樹 監修

書類の「共有」で
仕事が変わる!

目次

Googleドキュメントを活用しよう

Googleドキュメントの仕組み

このセクションのまとめ

Googleドキュメントは、Webブラウザー経由で使えるワープロだ。利用するにはGoogleアカウントがあればいい。もちろんGoogleが作ったノートパソコン「Chromebook」との相性も抜群だ。

Webブラウザー上ですべてが使える

Googleドキュメントの仕組みについて解説しよう。

その前にお断りしておくが、「Googleドキュメント」はパソコン上での呼び方で、タブレットやスマートフォンのアプリでは、「ドキュメント」と呼ばれている。ここでは、使い慣れたGoogleドキュメントの名称を使う。

Googleドキュメントは、Googleの提供するWebアプリである。Webアプリとはブラウザーで使えるアプリケーションのことだ。

アプリ本体もデーターもWeb上にあるため、パソコンからだけなく、スマートフォンやタブレットなどさまざまなネット端末から利用できる。

機能としては、文書の作成。文書の中には表や写真を貼り付けることができる。Googleは、GoogleドキュメントのほかにもGoogleスプレッドシートやGoogle図形描画といったWebアプリも提供しており、お互いに連携できる。図形描画で説明図を作り、Googleドキュメントに貼り付けるといった使い方が可能だ。

「Googleドキュメント」で文書作成中の画面。複雑な機能は少ないが、ワープロとしての基本機能は装備している。

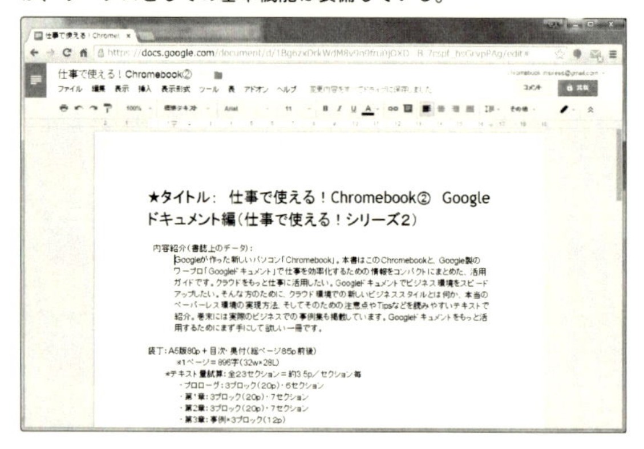

初期のインターネットはリンクでつながった巨大な掲示板といってよかった。テキストの中に画像を貼り付けられること、それぞれのページがURLと呼ばれる固有のアドレスを持つこと、ページ同士をリンクで結び付けることができることが、それまでのネットワークの違いだ。

その後、さまざまな技術が登場し、インターネットはだんだんページを見るだけのものから書き込みができるもの、操作できるものへと変化していった。現在では、WindowsやMacなどで使われているオフラインのソフトウェアと遜色のない機能を実現できる状態まで進化している。

Googleドキュメントは、Webアプリの嚆矢といっていい存在である。登場したときから、作ったデーターはサーバー（Web上の記憶領域）上に保存するという現在と同じコンセプトを持っていた。その後、Web上にデーターを保存する「オンラインデーターストレージサービス」が流行したため、データーを保存する部分が「Googleドライブ」として独立。GoogleドキュメントはGoogleドライブの中のひとつの機能として「Googleドキュメント」と呼ばれるようになった。

パソコンで使うアプリケーションはふつうローカルストレージ（本

Googleドライブ。フォルダ機能もあり、ハードディスクと同じように使える。「新規」メニューの中にGoogleドキュメントがある。

体内蔵のハードディスク）にインストールし、起動してつかう。アプリケーションの本体はローカルにある。作成したデーターもローカルに保存する。

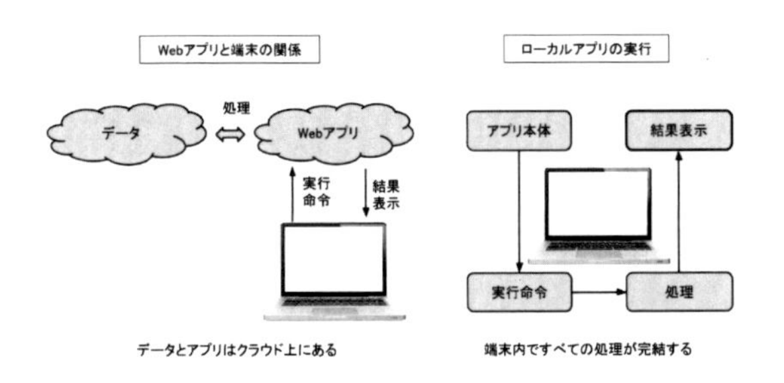

これに対してWebアプリは、アプリ本体がインターネットのサーバー上（オンライン）にある。インターネットを経由して操作を行い、処理そのものはインターネットの向こう側で行われる。手元にあるパソコンはたんに「命令」を送り、結果を「画面表示」として受け取るだけの存在だから、処理性能は低くても構わない。

Googleドキュメントも、ワープロとしての処理はサーバー側で行っている。ローカルで行っているのは文字の入力と、ここは見出しにするとか、この文字列にはアンダーラインをつけるといった命令にすぎない。その命令に従って、画面レイアウトを行っているのはサーバー側に置かれたWebアプリケーションだ。

文字を入力しているのは手元のキーボードだが、その文字列を印刷できる画面にレイアウトしているのは地球上のどこかにあるサーバーにあるアプリケーションなのである。

Gmailアドレスですべてのサービスが利用可能

Googleアカウントとは、GoogleのサービスWを利用するためのIDである。どんなメールアドレスでも利用できるが、多くの場合、Gmailアドレスそのものが Googleアカウントになっている。すでにGmailを活用している人は、Googleアカウントを持っているわけだ。

Googleのサービスには九つのアイコンからなるメニューがあり、ひとつのサービスから他のサービスへと簡単に移動できる。

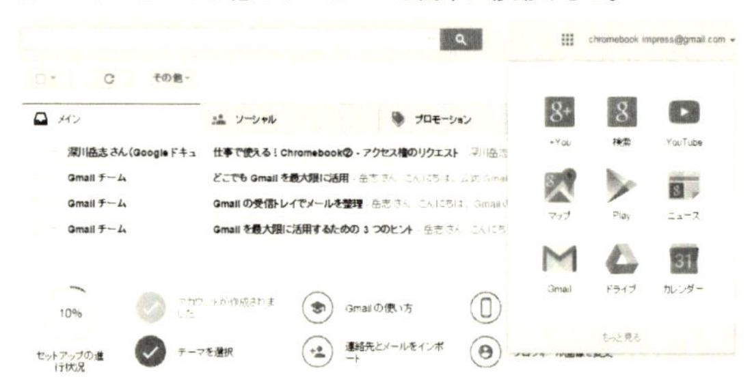

まだGoogleアカウントを持っていない人は新規のGoogleアカウントを取得しよう。携帯電話の電話番号さえあれば簡単に登録できる。

Googleアカウントを取得するためには「Google アカウントの作成」ページへアクセスする。

次のステップに進むとGoogle+のプロフィール作成画面になるが、スキップしても大丈夫。次のページで「開始する」をクリックすると、Googleドキュメントを使い始めることができる。ほんの数分の作業だ。

取得したアカウントでGmailもGoogleドライブもGoogleカレンダーも利用できる。容量はぜんぶ合わせて15GB。足りなくなれば1.99ドル／月

入力項目は「姓名」「ユーザー名」「パスワード」「生年月日」「性別」「携帯電話」「現在のメールアドレス」「ロボットでないことを証明（画像認証）」「国地域」だ。利用規約に同意して次のステップに進む

Google アカウントの作成

で100GB、9.9ドル／月で1TBまで拡張できる。

なお、Googleのサービスにはビジネス版もある。G Suite Basic（旧称Google Apps for Work）だと30GB、G Suite Business（旧称Google Apps Unlimited）だと無制限に利用できる。

Googleドキュメントの基本的な考え方は、オンラインで作成し、オンラインで保存し、オンラインで共有するというものだ。オフライン機能はおまけにすぎない。

そのため、なによりも大事なのは、ネット環境の確保となる。無線LANが使える場所ならいいが、ない場合はスマートフォンのテザリング機能を使う、モバイルルーターを使うなどの手段を用意してネット環境を確保する。

Googleドキュメントのメリットとは？

このセクションのまとめ

Googleドキュメントのメリットは高度な共有機能にある。「複数メンバーでの同時編集・更新」や「アクセス管理」機能は、Googleドキュメントを単なるワープロにとどめない、コラボレー

ションツールへと高めている。

いつでもどこでも仕事ができる

Googleドキュメントを使うメリットは「いつでもどこでも仕事ができる」ことでる。

Googleドキュメントを使うと、仕事の進め方が変わってくる。

チームの結束力が高まり、ペーパーレス化が進む。

その結果、いつでも、どこでもチームで仕事ができるようになる。

筆者はフリーランスとして働いているが、ひとりだけで仕事をしているわけではない。たとえば、現在進行中の「電子書籍を書く」という仕事は編集担当者との連絡、相談、報告が欠かせないし、内容を監修する監修者との意見のやりとりもある。

本を作るという仕事全体でいえば、実際に筆者の作るデーターを電子書籍の形にしてくれる人、表紙をデザインしてくれる人、リリース文を書いてくれる人、実際に販売してくれる各販売サイトの方々もこのプロジェクトに参加している。

フリーランスの私ですらこのような仕事の進め方をしているのだから、組織内での仕事ではもっと密度の濃いコミュニケーションが求められる。

たとえば、会議。会議には資料やレジュメが事前に必要である。チームの誰かが書き、それをリーダーが確認する。

スケジュール管理もたいへんだ。プロジェクトメンバー全員の空き時間を調節し、リアルタイムに集まる必要がある。どうしても参加できないメンバーのために、議事録を残す作業もある。

人を中心にすると、情報の集約と共有のために、多くの労力を割かなくてはならなくなる。作業の中心を人（リーダー）ではなく、書類に改めようというのが、Googleドキュメントの方法だ。書類中心といっても、紙の書類や現在のデジタルデーターでは、新しい仕事の流れは作れない。

紙の書類からOffice文書、PDF文書のようなデジタルデーターに移行することで作業効率は高まったが、まだ、いつでもどこでも仕事ができるというレベルには達していない。

デジタルデーターはメールに添付するなどの方法で距離に関係なくやりとりできるため、いつでもどこでも仕事ができるように思えるが、ファイルの中に指示を埋め込んだり、バージョン管理してつねに最新のデーターをメンバー全員で共有することがむつかしい。同報メールすべきところをたんなる返信にしてしまって情報の共有が途切れるなど、操作ミスの可能性も高まる。

その点、Googleドキュメントには、

- **デジタルデーターである**
- **Web上に存在している**
- **共有できる**
- **リアルタイムに編集できる**
- **つねに最新版にアクセスできる**

という五つの特徴がある。

これらの特長を活かすことで、書類作成の中にミーティングや会議の要素を埋め込むことができる。個人で作業しなければいけない部分と、グループで討議しなければいけない部分、情報共有の部分がシームレスにつながる。

作業を進めていい部分とリーダーの判断を待つべき部分、スタッフ間で意見を交わすべき部分が可視化され、無駄な待ち時間や情報共有のために費やす作業がなくなる。いつでもどこでも仕事ができるというのは、こういう状態を指す。

作った文書を共有できる

いつでもどこでも仕事をするためにいちばん大切なのが、文書の共有である。

Googleドキュメントは単に「文書を作る」だけのアプリではない。作った文書の「共有」を可能にする。Googleドキュメントの「共有」は高機能なので、しっかりと説明しておこう。

まず共有には2種類ある。

ひとつは、共有URLを作成する方法だ。メールにURLを貼り付けることで、Googleドライブ上にある文書にアクセスしてもらう。

権限を設定するには「共有」ボタンをクリックして、共有ウインドウを表示。「リンクを知っている全員が閲覧可」をクリックして、権限の種類を選ぶ。（注：本書で紹介しているのは無料版の設定画面。有料でビジネス用の「G Suite」版では、組織の内外などもっと詳細な閲覧範囲や権限を設定することができる。）

このとき、4つの選択肢がある。ひとつは「オフ」。URLを知っていてもアクセスできないようにする。あとは「リンクを知っている全員が編集可」「リンクを知っている全員がコメント可」「リンクを知っている全員が閲覧可」。

編集可というのは、文書を作った人間（オーナー）と同じレベルで編集にかかわれるということ。

コメント可は、本文は編集できないが、コメントという形で意見をつけることはできる。

閲覧可は見るだけ。

オフは内容を見ることさえできない。

なぜ、オフにするかというと、リンク共有機能を使うと、リンクが外部に漏れてしまった際、第三者に内容を知られてしまうためだ。

そこで、もうひとつセキュリティの高い方法が作られた。招待制である。メールアドレスを入力して、特定の人にだけ共有を許可する。この方法の場合も、「編集者」「コメント可」「閲覧可」という権限を付加できる。

特定のメンバーで文書を共有する場合は、メールで招待する。そのときに権限の設定も行う

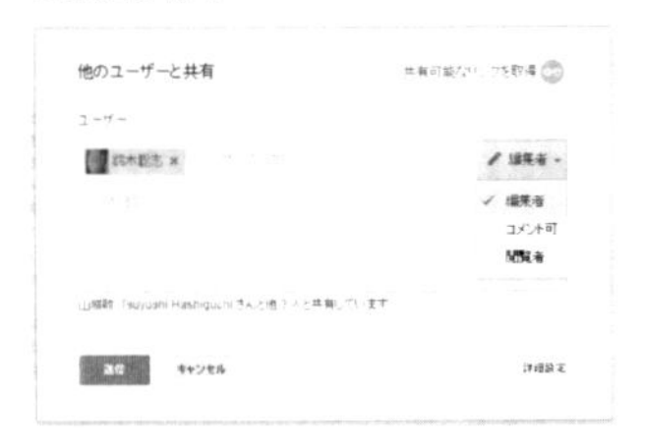

つまり、ひとつの文書に対して4つの階層を設定できるわけである。

オーナーはファイルのオーナー権限を他人に譲ることができる。さらにファイルやフォルダを削除することができる。これらはオーナーだけの権限。

フォルダにファイルを追加したり、削除したり、編集したり、共有を実行、停止することは、編集者も行える。

ファイルに対して、コメントや編集の提案を行うのはオーナー、編集者、コメント可の権限だ。

では、ただの閲覧者はなにができるのか。ファイルとフォルダを閲覧すること、ファイルをほかの端末にダウンロードしたり、同期したりすること。ファイルのコピーを作成してGoogleドライブに保存すること。この3つはすべての階層で行える。

権限の違いのほかに、「リンクを知っている全員の共有」と「特定のメ

ンバーだけの共有」にははっきりとした違いがある。

リンクを知っている全員に対する共有の場合、共有相手はGoogleアカウントにログインする必要はない。これに対し、特定メンバーの場合はGoogleアカウントにログインしていないとコメントや編集が行えない。

共有URLは掲示板的に利用できるし、招待制は特定のメンバーで行う共同作業や打ち合わせに向いている。

組織はふつうピラミッド型の階層をとる。階層の高い地位にある者ほど、高次の情報にアクセスできるように権限が設定されている。組織の運営上はこれで問題がないが、個別のプロジェクトにおいてはかならずしもこの原則は当てはまらない。

プロジェクトは、たくさんの細かいプロセスから構成されている。プロセスごとに次のプロセスへ進むための「決定」が必要になる。リーダーは「決定」をする者として存在する。

リーダーは当然としても、実際の作業を行うスタッフにも「編集」権限が必要だ。むしろ、「コメント可」や「閲覧者」の権限は役職が上位の上司に対して使う。上司はプロジェクトの進行具合さえチェックできれば充分だからだ。むしろ、リーダーのほかに「決定権」を持った者が存在すると、プロジェクトの進行に支障をきたしてしまう。

Googleドキュメントの共有機能を使った文書中心の仕事術では、リーダーとスタッフだけのフラットな組織作りと権限委譲が必要になる。

では、次に共有した文書の活用の仕方について紹介しよう。

メンバー全員が同時にアクセス可能

Googleドキュメントでは、ひとつの文書を複数人で同時に共有できる。「同時に」とはどういうことか。

プロジェクトのメンバー全員で文書を作る場合を考えてみよう。

Googleドキュメントの共有機能を使うと、最初の叩き台の段階から全員がかかわることができる。編集権限があれば、誰でも内容を書き加えることができる。作業を与えられたものではなく、自分の作業として認識させる効果がある。たんなるリレー作業だと他人事だが、共有し作業にかかわっていくことで自分事になるのだ。

実際にファイルを作ってみよう。

全員で共有するファイルを作って、構成を書き込んでいく。疑問があればコメントの形で質問し、コメントに返信をしてフリートークを行う。誰がどのような提案をしたか、目に見える形で記録が残るため、見ていなかった、聞いていないといった「ちゃぶ台返し」が起こりにくい。

構成ができたら、それぞれが得意分野を選んで書く。複数のユーザーがひとつの文章を同時に編集するので、まとめる必要はない。同時に作業していると、自分が編集している以外の部分が書き換えられていく様子をリアルタイムに目撃できる。

まるで生き物のように文書が組み上がっていく。

ここでもコメント機能が生きる。本文を書くのと同時にコメントもつけられるから、アドバイスを求めることもできるし、他人の間違いを修正することも容易だ。かならずしもリーダーがまとめる必要はなく、トラブルが生じたときだけ介入すればいいので、作業効率が向上し、リーダーの負担は減る。

「コメント」ボタンをクリックし、「コメントの追加」をクリックすることでコメントを作成できる。コメントをクリックすると、返信できる

共有文書の作成は「打ち合わせ」「文章の執筆」「相談」「校正」を同時に行っている感覚である。リアルタイムではないし、対面しているわけでもないのに、よりコミュニケーションの濃い仕事ができる。

これが単独のファイルだとどうだろう。担当者が叩き台となる文書を作成し、それを回覧しながら赤入れし、最終的に全員分をまとめる。全員が修正をしてしまうと不整合が出てくるから、また担当者が全体に修正を加え、さらに調整を加える。

内容を見直す時間、たくさんの修正をまとめる時間、まとめた文書を見なおす時間、と各プロセスについてまとまった時間が必要になる。個人作業なら特急で進めることも可能だが、メンバー全員となると、特急作業はむつかしい。ある程度の時間の余裕をもたないと仕事の質が下がってしまう。

共有化のメリットは以下の三つだ。

- **全員が同時に作業するのでスピードアップする**
- **メンバー同士のコミュニケーションが深くなる**
- **仕事の質が上がる**

グループではない、単独の作業でも、Googleドキュメントの共有機能は役立つ。

ローカルではなく、Googleドキュメントの文書を使うことで、リーダー（上司）に共有の招待を出すと、メールのCC（同報）と同じように、情報を共有できる。リーダーからすれば、いちいち尋ねなくても作業の進捗状況がわかって便利だ。

自分がいま担当している文書の内容に関してより詳しい人がいれば、招待をして、意見を仰ぐこともできる。締め切りぎりぎりに相談すると迷惑をかけることになるが、最初から共有にしておけば、隙間時間を使って協力することで、お互いに負担が減る。

自分ひとりで仕事を抱え込んでしまうと、結果的にプロジェクト全体に負担にかける。困ったことがあれば、早めに他人の力を借りることがスピードアップの秘訣だ。

個人からグループへ〜Googleドキュメントで仕事を変える！

このセクションのまとめ

Googleドキュメントには強力な共有機能とともに、高度な履歴管理機能やコメント機能がある。これらを利用し、今までのワープロではできなかった新しい仕事のスタイルを体験しよう。

仕事のプロセスを共有する

Googleドキュメントは、個人の仕事をグループの仕事に変えるコラボレーションツールである。劇的に仕事のトラブルを減らし、効率を上げることができる。

なぜか。

仕事はひとりでは完結しない。組織の中で働く場合はもちろん、フリーランスで働く場合も、いかに他人とうまく連携できるかが評価を決める。連携とはすなわち、仕事のプロセスの共有である。

情報共有の重要さを示す言葉に「ホウレンソウ（報告・連絡・相談）」がある。みなさん、どこかで一度は耳にしているだろう。

作業の節目で上司に報告を上げ、関係者に連絡し、適切なときに相談しなければ、プロジェクトはうまく進まない。いくら作業量が多くても、報告、連絡、相談を怠ったために、無駄な努力に終わってしまうこともある。

とはいえ、報告や連絡の確認はむつかしい。

具体例を示そう。口頭で言っても、相手がちゃんと聞いているかどうかは判断しがたい。言った言ってないの応酬になってしまう。メモを書いて渡したり、メールしても同じことだ。相手が読んだかどうかわからないし（開封されても読んだことにはならない）、読んでも相手が上の空の状態だったら意味がない。

報告や連絡を受け取る側からすると、あるときは口頭で言われたり、またあるときは机の上にメモがあったり、メールが届いたりすると、「こんなバラバラに情報をよこして、私に整理しろというのか！」ということになってしまう。

Googleドキュメントは、仕事のプロセスを共有するのに役立つ。

理由は三つ。

第一に、情報をWeb上の文書に集約することができる。

第二に、文書上で報告、連絡、相談のすべてを行える。

第三に、いままで共有されていなかった情報がグループで共有できる

三番目のメリットについて説明しよう。

5人編成のチームがあるとする。Aさんがリーダー、Bさん、Cさん、Dさん、Eさんの4人は同じプロジェクトのスタッフだが、それぞれ異なる作業をしている。

Bさんが自分の作業状況についてAさんに報告しても、情報を共有できたのはAさんとBさんだけで、Cさん、Dさん、Eさんは知ることができない。重要なことならスタッフミーティングで共有するだろうが、埋もれてしまう情報もある。CさんとDさんが相談してある問題を解決したとしても、それをチーム全体で共有できないとしたら、損失である。

もうひとつ、時間の遅延という問題もある。情報共有をスタッフミーティングで行うとしたら、個人間で情報を共有してから全体まで届くのに時間のロスが生じる。

Googleドキュメントでは、全員が同じファイルを共有し、そこで議論や相談を行うことで、リアルタイムに情報共有が行える。履歴がしっかり残るので、言った言ってないの言い争いも起きない。コメントのやりとりで文書へのアクセスが高い人と低い人が可視化できるので、コミュ

リーダーのＡさんにすべての情報が集中する従来型のコミュニティと、Googleドキュメントを中心に据えた、全員が作業情報を等しく共有できる環境

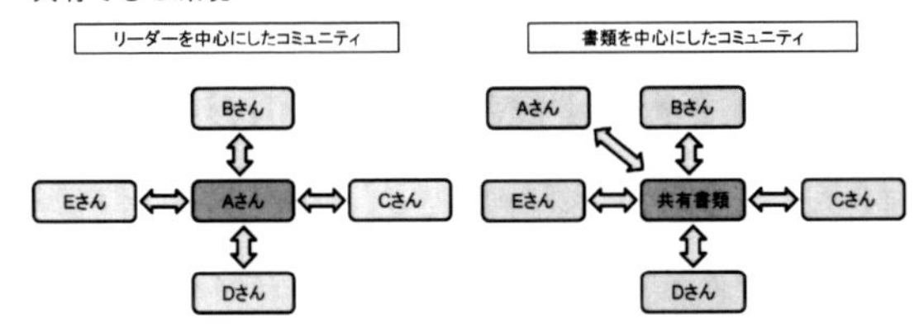

ニケーション不足の問題にも手が打てる。

Googleドキュメントは簡単なワープロソフトだと思われているが、じつはネットを活用することで、すぐれたコラボレーションツールとして機能しているのだ。

コメント機能を活用しよう

文書を共有しても、コメント機能を有効活用しなければ、効果は半減してしまう。「メールが開封されても読まれたのとは限らない」という話と同じで、文書を共有しても放置しては意味がない。

レスポンスがあって、はじめて効果があらわれる。

コメントの付け方は簡単である。

コメントしたい場所にマウスカーソルをもっていき、コメントボタンをクリックすると、本文に対し「ツッコミ」ができる。

ここはこうした方がいいんじゃない？　という提案を本文の欄外に書く。提案は名前と顔写真付きで掲載される。写真の下には人によって異なる色のアンダーラインがつくので、誰がコメントしたがひと目でわかる。

コメントの応酬に慣れるまでには多少時間がかかるかもしれないが、慣れてしまえば、メールやチャットよりも便利に使える。

メールはいちいちメールアドレスや題名をつけないといけないのが面倒くさい。筆者はメールを書いたまま、送信ボタンを押すのを忘れていたという経験がある。

コメントをクリックすると、返信欄があらわれ、提案に対する応答を書き込める

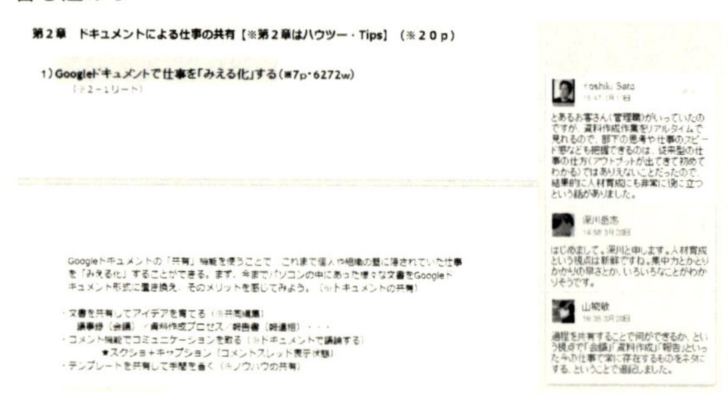

チャットはメールよりスピーディだが、場所の指定が行えない。「11ページの上から5行目の文章だけど」といちいち言うのは面倒だ。人は面倒くささを感じるとつい後回しにしてしまいがちである。

Googleドキュメントのコメントはその点、場所をクリックして、コメント内容を書くだけだからシンプルこのうえない。細かい指摘や思いつきをさらっと書く気になる。

コメントの応酬もオーナーのGmailに送信されるから、共有文書を開いていないときでも、コメントされたことがわかる。

コメントの応酬はディスカッションと呼ばれ、自動的にGmailに送信される。オーナー以外の人が受信するためにはコメント文中に「+メールアドレス」を挿入しておく。

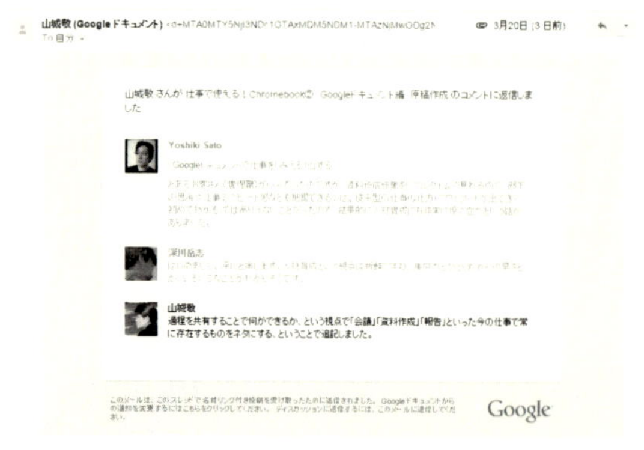

本文を見ながら、意見のやりとりをすることができる。これはもはや「打ち合わせ」や「相談」の域を超えている。「このフレーズいいですね」といった応援まで書けるのだ。修正や削除と違い、本文の内容には影響しないので、なんでも書くことができる。

指摘に納得したら、「解決」ボタンをクリックして、コメントを非表示にできる（表示の復活も可能）。

変更履歴が残る

たんなる誤字脱字、表記ルールのミスなどは、いちいちコメントで指摘するまでもなく、本文を直接書き換えてしまったほうが早い。

じつは、コメントで修正を依頼するというのは編集の仕事であり、高いスキルを必要とする。どこが問題点であり、どうすれば解消できるかということを懇切丁寧に説明するよりは、実際に本文を変更してしまったほうが楽だし早い。

とはいえ、「いや、やはり前のほうがよかった」となったときに対応に困るから、ふつうは勝手に文書に手をいれることはしないし、できない。

Googleドキュメントなら、直接、文書を編集しても心配ない。変更履歴を保存しているからである。誰がいつ文書に変更を加えたかは、自動的に記録されている。「ファイル」メニューから「変更履歴の表示」を選ぶと、変更履歴を一覧できる。一つ一つの修正を詳細に表示することも可能だ。

小さな編集だけでなく、間違って全文を削除してしまったとか、構成の入れ替えに失敗したというような大きな操作ミスを一瞬にして取り戻すこともできる。

誰かが勘違いして間違った方向へ改変していった場合、時間をさかのぼって分岐点になった版を復活させて、再スタートすればいい。

とはいえ、編集履歴の管理には問題もある。時系列でしか復活させられないのだ。

「ファイル」メニューから「変更履歴の表示」を選ぶと、右横にファイル変更の履歴が表示される（より詳細な版を表示することも可能）。戻りたい選択し、「この版を復元」をクリックする

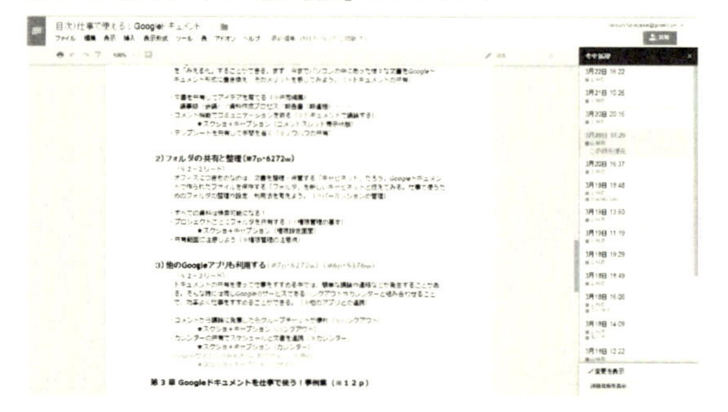

現実には、「**A→B→C→D→E**」という順番に文書が変更された場合に、Aの時点までさかのぼりたいが、CとDの変更は取り入れたいといったことが起きる。現状ではこのような復活には対応できないので、手動でCとDの変更をコピーしておき、さかのぼったAにペーストするというアナログな対応になってしまう。

というわけで、まだ万能ではないが、書き換えを元に戻すことができるという意味で、意義は大きい。この機能を覚えておけば、臆することなく共有文書に手を加えることができる。

Googleドキュメントでビジネスを加速する

仕事を「共有」するメリットを体験しよう

このセクションのまとめ

まず、身近な書類や資料を「共有」することで、Googleドキュメントを利用するメリットを体験してみよう。会議の資料や議事録、報告書をGoogleドキュメントで共有すると、何が変わるだろうか？

Googleドキュメントで会議をデジタル化する

仕事を進める上で欠かせないのが会議である。

ところが、会議にはかならずしもいいイメージがない。「長すぎる」「時間の無駄」「意味がない」と言われがちなのはなぜだろうか。

理由のひとつは、会議の成果がうまく共有されないことだろう。成果が見えなければ評価を受けにくいのもしかたない。

さらに、会議の内容が対面でなければできないことであるかどうかも、大切な要素だ。誰だって、他人に自分の時間を奪われたくはない。ましてや慣習化した会議に時間をとられるのは不本意だ。

会議を意義あるものにするために、まず、現在行われている手順を確認しておこう。

- **参加メンバーのスケジュール調整**
- **会議室や設備の予約**

- **会議資料の作成と印刷**
- **会議への参加**
- **議事録の作成と参加メンバーへの配布**

スケジュール調整や会議室の予約を社内のイントラネットで行ったり、資料をPowerPointやExcelで作成したりと、デジタル化の方向に変化しつつある企業が多いが、全体の流れをみれば、まだデジタルとアナログが混在している。

会議を開くための準備と、そのあとのまとめにたいへんな手間ひまがかかっているわりに、会議の内容は決定事項の確認など、予定調和なものが多い。会議後に作成する議事録は、記録者が発言者の意向とズレたことを書いて、修正に時間がかかることも少なくない。

では、歓迎されざる会議を歓迎される会議に変えるにはどうすればいいのか。

ひとつは手間を少なくすることだ。

スケジュール調整と会議室、設備の予約はGoogleカレンダーで行う。

会議資料の作成と議事録の作成はGoogleドキュメントで行う。

スケジュール調整がむつかしければ、Google+ハングアウトを使って、バーチャルでの参加も可能にする。

これだけで、会議前後の作業は劇的に負荷が軽減する。

「共有議事録」で会議を加速する

繰り返し述べてきたように、Googleドキュメントを利用するメリットは「共有」と「共同編集」だ。

共有の思想を持ち込むことで、会議の内容も変化する。

無駄がなくなり、議論が深くなる。具体的に説明しよう。

会議にはかならず議題がある。新規案件の提案や決定案件の最終確認やプロジェクトの進捗状況報告や営業成績など、複数の議題をまとめることが多い。

それぞれの議題について資料が配付される。

ここで無駄が生じる。資料はおそらく前日には完成しているはずである。なぜ、会議の場所で配布されなければならないのだろう。

口頭での説明を聞きながら、資料を参照し、内容を吟味していくのはハードルの高い作業である。そもそもその議題が顔をつきあわして討論しなければならないほどのテーマであるかどうかも、その場に行かなければわからない。

もし資料が会議の前、その作成時点からGoogleドキュメントで作成、共有されていれば、それぞれが空き時間に軽く目を通しておくくらいのことはできるだろう。疑問点があればコメントの形で質問しておく。そこで回答が得られたら、会議時間の短縮につながる。資料のドキュメントは参加者全員に共有されているからだ。あらかじめチェックを受けることで、資料の質も上がる。

上がこれまでの資料作成、配布の流れ。
下がGoogleドキュメントを利用した資料作りと継続的な更新の流れ。

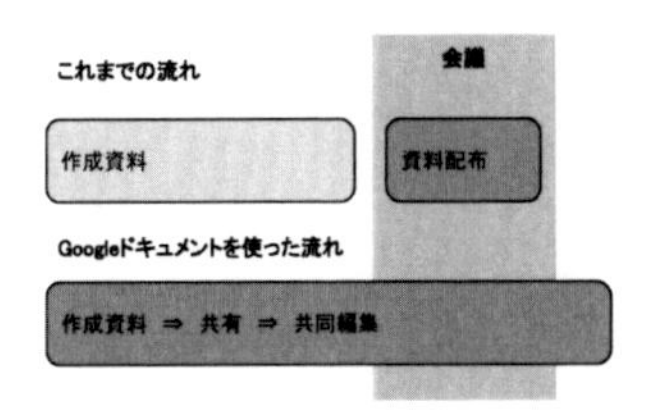

よく考えてみれば、議事録も謎めいた存在だ。会議でなにが話し合われたか、どんな結論が得られたか、次回への積み残しはなにかといった事柄を記録するのがよくあるものだろう。たいていの場合、新人か年次の浅い人が議事録担当となり、会議の内容をメモしつつ、記録のために音声データーも残し、会議終了後に、議事録を一から作成する。

これも無駄だ。あらかじめ、参加者も議題も資料も揃っているのに、会議が終わってから再度ファイルを作り始めるのでは遅すぎる。もっとスピードアップしよう。

これまで議事録は会議中にメモをとってあとからまとめるものだった。Googleドキュメントを使えば、会議中に同時進行で作成できる

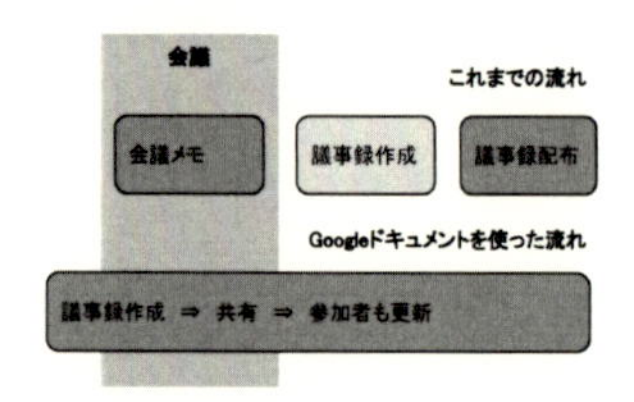

議事録も資料の場合と同じく、会議開始前からGoogleドキュメントで「共有議事録」を作ってしまう。そこには例えば、会議の議題、日時場所、参加メンバー、各議題のレジュメ（個条書きで簡潔に）を書き込んでおく。

会議中に出た質疑応答はその場でドキュメントに書き込んでいく。書き込んでいく様子は全員が自分のパソコン（やタブレット）で見ることができるから、正確でないと思ったら、すぐその場で修正をかけることができる。

結論や留保になった事項も書き込めば、会議終了とともに議事録も完成。すぐに次の仕事を始められる。これが共有の威力だ。

進捗や報告を共有して、仕事を「見える化」しよう

会議につきものの議事録を例にとってGoogleドキュメントの共有機能を説明したが、ここでは応用編を述べよう。

会議の内容をまとめた議事録がある。会議が終わった直後は、このファイルが最新の情報を集めた仕事の中心点といっていい。

ところが、たいていの議事録は作成して配布するだけでそのまま放置されてしまう。私たちは成果を紙にプリントして配布することが大好きだが、固定されたものはその瞬間から古びる。

配布された資料を個人が持ち帰り、保存する

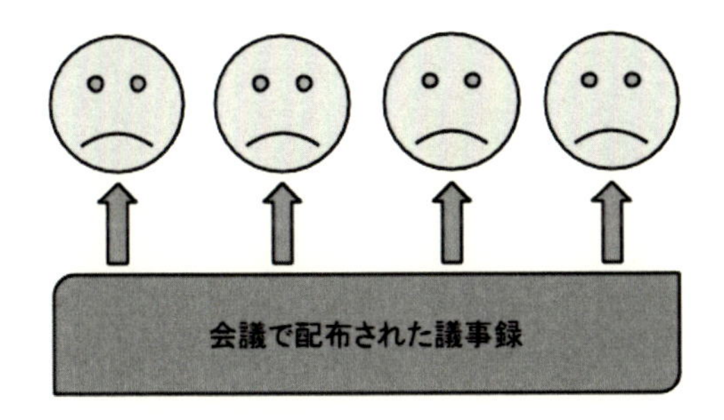

現実の仕事は、日々変化がある。動いていく。

Googleドキュメントの文書は、固定する必要がない。

会議ではこれからとりかからなければならない課題がいくつも浮かび上がっているはずだ。ならば、議事録をそのままToDoと合体させてしまえばいい。課題をリスト化して、追記するわけである。

それぞれの課題について進捗があれば、そのたびに書き込んでいく。共有議事録は管理者がいるわけではなく、共有しているメンバー全員のものだ。全員が変化を書き込んでいけば、プロジェクトの進捗度合いがわかり、仕事が「目に見える」ものになる。

クラウドにある議事録をどんどん書き換えていく

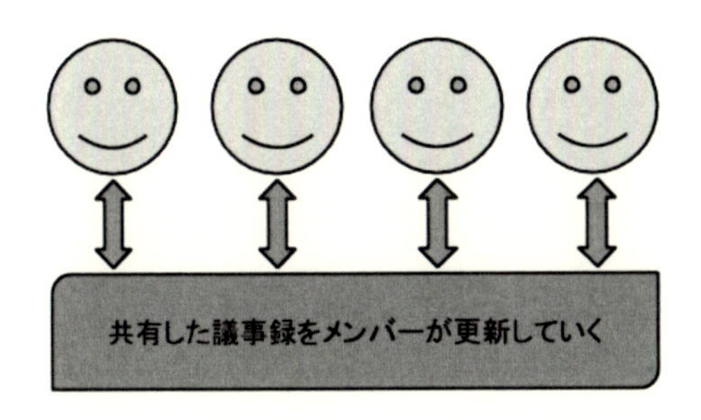

コストをかけてシステムを構築しなくても、Googleドキュメントを更新していくだけで仕事の「見える化」が達成できるのだ。

ひとつの文書が長くなりすぎると可読性が落ちる。しかし、都合のいいことに会議は定期的に開かれるので、そのたびに中心点が移動する。

共有議事録をリンクでつないでいけば、プロジェクト全体の見通しがよくなるし、問題点も発見しやすい。

共有議事録上でのやりとりが活発になるほど、会議時間は短縮できるし、内容も濃くなる。仕事の完成度は、かけた時間に比例しない。であれば、なんでも自分のなかに溜めこむのではなく、特定メンバーと共有しながら完成度を高めていくほうが理にかなっている。

仕事を「見える化」し、スピードアップする。そのために最適なツールがGoogleドキュメントである。

これまでの仕事を見直してみる

このセクションのまとめ

Googleドキュメントを導入することで、ビジネスはスピードアップする。では、これまでの仕事でなにが障害になっていたのだろうか。その原因を考え、「共有」で解消できないか考えてみる。

なぜ仕事が滞るのか？　ボトルネックの早期発見と解消

なぜ仕事が滞るのか。

仕事の性質を考えてみればわかる。

仕事の大半はチームプレーである。各人が自分の担当分をこなしていくことで、大きな仕事（プロジェクト）が進んでいく。

ひとりでも担当分をこなせない人がいると、最後のピースがはまらないので、プロジェクトが次の段階に進めない。

もちろん、一度や二度の遅滞では深刻な事態には至らないだろう。遅滞している作業をチームのメンバーがカバーすれば、プロジェクトはスムーズに進行する。しかし、特定個人の遅滞が常習化すると、他のメンバーの負荷が高くなる。その当人のパフォーマンスも向上しないし、プロジェクト全体に黄色信号が点り始める。ボトルネックの発生だ。

リーダーの仕事は、プロジェクトの作業を小分けし、メンバーに振り分けることだが、品質管理と進捗状況の把握も重要な役割だ。

では、なぜ担当分の仕事をこなせないのか。その理由はさまざまだろう。能力的な問題かもしれないし、家庭の不和や介護や病気といったプライベートな理由かもしれない。問題点の解消は対面でよく話し合い、個別に解決していくしかない。

大事なのは、その人がボトルネックになっているということを一刻も早くキャッチするシステム作りである。

自分の担当分の作業をこなせない人は往々にしてぎりぎりまで自己申告しない。自己評価が下がると思えば、それも当然だろう。

ボトルネックを見つける方法のひとつは、プロセスの細分化である。たとえば、企画書を作る場合なら、提出の期限だけを決めるのではなく、資料集め、調整、構成、執筆とそれぞれの段階に期限を設けることで、進行度スピードが見えてくる。

最終の締め切りを設定するだけではなく、プロセスに分解して締め切りを設定していくことで、ボトルネックが早期に発見できる

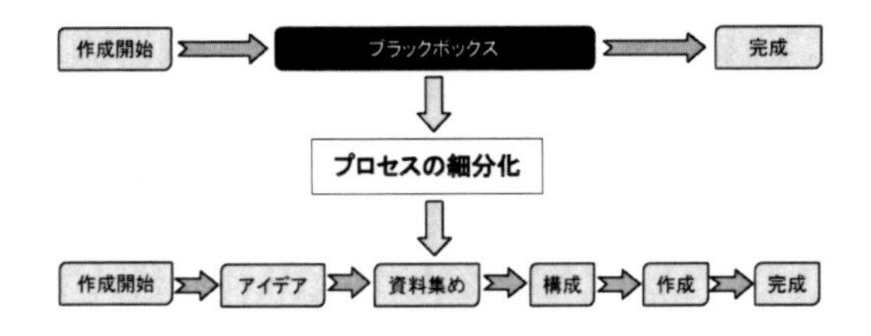

ただ、この方法はリーダーの負担が増すというマイナス面がある。

ここで、「共有議事録」の方法論が応用できる。ひとりひとりの作る企画書をすべてGoogleドキュメント上で作成し、共有するのだ。ネットワーク上の開かれた場で作業すればいい。作業中にアドバイスを受けることができるので、本人にとってもプロジェクト全体にとっても有意義な方法である。

ただ、これを実行できるかどうかは、企業文化も関係してくるので一筋縄ではいかない。未完成の仕事を人に見られるのはイヤだという感覚も根強いだろう。もし、作業の内容を共有できないのなら、日報的に今日の進捗とか悩んでいることを書くだけでも風通しはよくなるだろう。

オフィスのレイアウトは大部屋に机を並べて島を作る形が多い。同じ時間に同じ場所で仕事をしているのに、個人が作業を抱え込み、周りに見えないように進めている状況は奇妙だ。

Googleドキュメントは、情報の障壁を引き下げるのに役立つ。

人に見られながら仕事をすることを「監視」ととるか「協働」ととるかで、作業効率は違ってくる。自分だけが一方的に見られるならまだしも、自分も他人の仕事を一望できるのだから、立場は同じである。できれば、「共有文化」をプラスの側面からとらえたい。

ドキュメントを公開しながら作業を行うと、それぞれのスピードが違っていても、完成にいたるまでの状況がすべて他人に見える。さまざまな場面で共同作業が可能だ

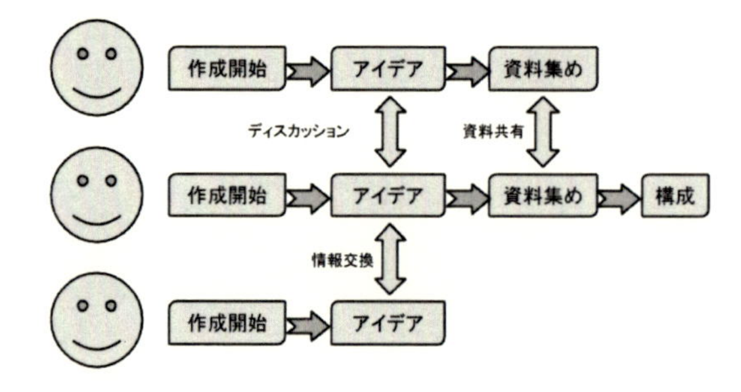

縦割りを打破しよう！　組織の枠を超える

一人の人間が持続的にコミュニケーションをとれる人数には限界がある。百人の組織なら全員の顔が見えることもあるだろうが、千人の組織となると物理的に不可能だ。

組織が大きくなるほど、組織内組織が増えていく。

どういうふうに区切るかは、組織ごとに違う。人事部、営業部、制作部、広報部といった仕事内容による区分の他、事業部制と呼ばれる市場や製品に合わせた枠組みもある。

どんな形をとるにせよ、組織内の壁は「縦割り」と呼ばれ、組織を運営していく上で弊害になる。組織の壁によってコミュニケーションが遮断される。社内リソース（技術、人など）が見えなくなる。会社の利益よりも所属部署の利益を優先するようになる。

しかし、縦割りに弊害があるとしても、完全にフラットな組織運営は難しい。すくなくとも意志決定者が必要だし、人数が増えてくればトップと実務部隊をつなぐ中間層が必要になってくる。ピラミッド構造は必然なのだ。

ピラミッド構造で縦割りすれば、組織はどんどん閉じていく。顔が見える範囲だけで仕事をするようにする。

問題点はふたつ。社内の風通しが悪くなることに加え、社内と社外の関係も構築しにくくなる。正規雇用を抑制する傾向の強いいま、派遣社員や外部のフリーランスとうまく協調しなければ仕事は進まない。

だとすれば、ピラミッド構造を維持したまま、横や斜めの連携を作るしかない。

風通しをよくするために利用したいサービスが２つある。「Google+」と「Googleサイト」だ。

Google+は、Googleの作ったソーシャルネットワーキングサービス（SNS）だ。Twitterほどオープンではなく、Facebookほどクローズドで

「Google+」のホームから「フォロー・サークル」「あなたのサークル」を選ぶ。「+」をクリックするとサークルを作ることができる

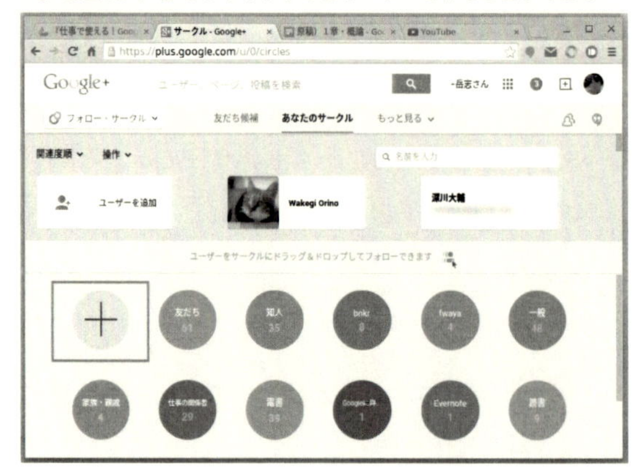

もない。ちょうど中間くらいに位置するSNSがGoogle+。どんな情報を出すかによってオープンにもクローズドにもできる。

投稿する際には、まずサークルという単位があり、「友だち」「家族」「仕事関係」「アイドル好き」など、どんな名前でもつけることができる。人間関係でも、好きなものでも、勝手に分類してかまわない。

一般公開している投稿をみて、興味を持った人を自分のサークルに登録していく。友だちサークルを見ると、友だちの近況がわかるという仕組みだ。

さらにクローズドな会話を交わすためには、公開範囲を限定することができる「コミュニティ」もある。興味分野でのつながりが深くなってきたら、コミュテイを作成してみるのもいいだろう。

組織のプロジェクトはいろいろな人をつないでいく。組織内の人だけでは成り立たない。が、プロジェクトが完了すると、GmailやGoogleドキュメントでつながっていた外部の人の状況が急に見えなくなってしまう。せっかくの人脈が自然消滅してしまうのはもったいない。

そんなときにお互いにGoogle+でつながっていると、ゆるやかな関係を持続できる。新しいプロジェクトを組むときも、空白期間なしに再び

Google+ では投稿のことを共有と呼ぶ。共有先にサークルを指定すると限定公開になる。一般公開と限定公開を使い分けよう

つながることができる。

もうひとつ、便利なツールが「Googleサイト」だ。Googleサイトはホームページ作成サービスで、個人で利用する場合は無償で100MBの容量が利用できる。G Suiteの場合は10GB、G Suite Businessの場合は10GB＋ユーザー数×500MBの容量が利用できるほか、2016年11月から提供が開始された新しいGoogleサイトでは容量無制限でサイトを作成することができる。

Google+は社内や社外の人間関係をゆるやかに結びつける効果があるが、Googleサイトは自分自身のパーソナリティーを社内や社外に向けて発信することができる。

Googleサイトはテンプレートに合わせて文字や写真を書き換えたり、Googleカレンダーなどのサービスを貼り付けて、ホームページを作成する。一般のホームページ作成サービスと異なるのは「共有」の概念を持ち込んでいるところだ。

ドキュメントと同じく、ホームページそのものに権限をつけて、一般公開にするか限定公開にするかを選択できる。G Suiteから利用すると、社内だけに公開することが簡単にできる。社内のネットワークにパーソ

ナルスペースを作る感覚だ。

このスペース上で今興味を持っていることや得意なこと、特技などを更新していくことで、組織内に自分の存在をアピールできる。資格取得などの正攻法なアピールもいいが、仕事とは無関係な「海外ドラマ」とか「句会」とか「フットサル」などがフックとなって新しいコミュニティが生まれるかもしれない。コミュニケーション量が増えることは、組織によい影響をもたらす。

組織内の壁、組織の内と外の壁を乗り越えるために、Google+ と Google サイトもぜひ利用したい。

本当のペーパーレスを実現する

このセクションのまとめ

Google ドキュメントを活用した仕事のスタイルで実現されるのは、すべての情報やノウハウが共有された真のペーパーレス環境だ。クラウドを使いこなす次世代のビジネススタイルとはどんなものだろうか。

書類は最初からドキュメントで作成する

打ち合わせや会議でペーパーを配布するのは、現在ではごく常識的なふるまいだ。会議が終わると、出席者はなんの疑いもなく、ペーパーをファイリングしたり、キャビネットにしまったりする。議事録がくると、また同じことを繰り返す。

しかし、配布されたペーパーはプロジェクトの一通過点でしかないので、配布された瞬間に陳腐化が始まる。さらに、同じ情報を複数の人間が物理的なスペースを割いて保存するのは無駄だ。

たとえペーパーをスキャンしてPDF化しても、実はペーパーレスとは言えない。どんな資料も大抵はパソコンで作成されたデジタルデーターであり、結局は紙とデジタルの二種類を保存することになっているのだ。PDFファイル編集ではなく閲覧に向いており、共同編集などの作業には適していないことも見逃せない。

WordやExcelで日報や定期報告書類を書くことも多いだろう。これらの書類は共有が可能だが、実際にはあまり共有書類としては利用されていない。印刷して、上司のキャビネットに収まってしまう。

ペーパーは、物理的に目に見えるので、つい仕事をした気分になってしまいがちである。

真の意味でのペーパーレス環境は、最初からデジタルでドキュメントを作り、共有し、お互いに編集しあう環境を作ることから生まれる。

液晶モニターの中ですべての作業が進行していけば、紙は必要ない。

とはいえ、紙にも利点はある。たとえば、アイデア出しの段階で手を動かすことは大切だ。どこになにを書いてもいいという自由さは、デジタルではなかなか再現できない。現在では、感圧式のタブレットPCと電子ペンの組み合わせで手書きメモすることも可能になったが、コストや一覧性を考えるとまだ紙のほうに分がある。A4用紙数枚に書いたメモを机の上に並べると、相当な情報量が一覧できる。さらに色づけしたり、概念図を付け加えることで、アイデアを煮詰めていくことができる。

しかし、こうした作業は、個人の領域だ。結果として出てきたものをドキュメント化し、そこから複数のメンバーで共有していけば、アナログとデジタルの相乗効果が出る。

Googleドキュメントで書類を作り、それをプロジェクトメンバーで共有すれば、そこが仕事の場所になる。わざわざリアルタイムで集まって進捗状況を確認したりする必要はなくなるし、行き詰まれば相談もできる。

無理やり会議という節目を作って、情報を固定化する手間も省けるし、作られた資料が陳腐化することもない。

どのタイミングで読むかという問題はあるにしても、基本的にはプロジェクトにかかわるメンバー全員がつねに最新の情報を共有できる。

全員が情報の先端にいるので、ふと出会ったときの雑談がミーティングになる。その結果はまたドキュメントに反映される。

クラウドで仕事をすることは、紙の活用や対面でのコミュニケーションを否定するものではない。むしろ、それらの効果を加速する仕事術である。

社外からの文書や情報は、まずドライブで共有

新規プロジェクトが組織内で完結することはまずない。

たとえば、あるプロジェクトでフリーペーパーなど外部向けの印刷物を作るというアイデアが出たと想定してみよう。とりまとめ役の編集は社内の人間が務めるかもしれないが、取材、執筆、撮影、デザインといった専門性の高い作業は外注先に委託するほうが効率がいい。印刷や製本にいたっては、内製することは不可能だろう。

人件費を抑えるため、正社員を少なくする風潮が続く中、外注先やフリーランススタッフとの接触は避けて通れない。

これまで述べてきたとおり、Googleドキュメントや Google+といったクラウドサービスを使えば、組織の内と外の敷居を下げ、かつ効率的に仕事を進めていくことができる。

問題となるのは、「文書共有」を作業の中心に据えることができるかどうか、という現実的な障壁だ。

組織内であれば、トップダウンで仕事の方法を統一することも可能だが、組織外にまで強制することはできない。

たとえば、文書の作成はドキュメントで共有できるけれども、最後の校正は紙に印刷して赤ペンで訂正を入れないと無理という人も出てくるだろう。となると、その校正はPDFやファクシミリでやってくることになる。

グラフを作るのもGoogleスプレッドシートを使えば簡単だが、「いえ、

私はExcelを使い慣れているので」と言われてしまえばどうしようもない。

こうして、紙から形式の違う文書まで、外からさまざまなデーターがやってくる。このような状況を整理するには、Googleドライブを利用すればいい。

Googleドライブはドキュメントやスプレッドシートの保存先であると同時にデジタルデーターの保管庫でもある。

Googleドライブはあらゆる種類のデーターを保存できる。データーはローカルのフォルダと同期する。サブフォルダを作り、ファイルを分類できる。トップに戻るには「マイドライブ」をクリックする

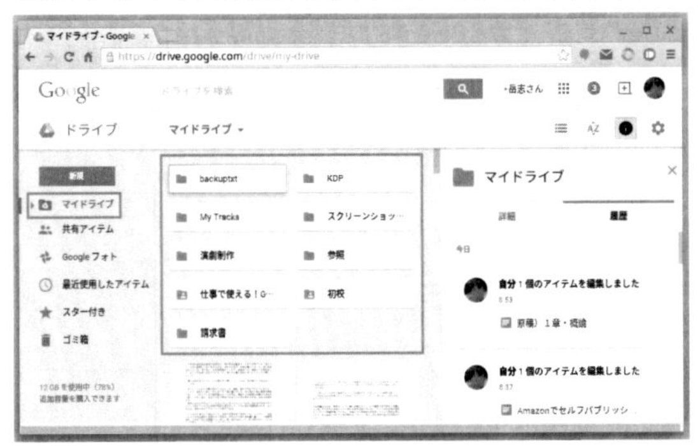

外部協力者から送られて来たファクシミリはスキャンしてデジタル化し、Googleドライブに置こう。オフィスへの導入が進んでいるデジタル複合機であれば、すでにファクシミリの受信データーはデジタル化されているかもしれない。それをそのままGoogleドライブにおいてしまえば、その一つ一つにURLがつくことになる。これがGoogleドライブの最大の特徴だ。

URLがあれば、仕事の中心となる「共有文書」からリンクを張ることができる。あらゆるデーターがプロジェクトの中心となる共有文書とつながる。ファクシミリで届いたデーターはスキャンしてpdfやpng、jpgといった画像形式で保存し、Googleドライブにおいて共有文書にリンクしよう。

Googleドライブにアップロードした画像を開き、共有ボタンをクリックして、リンクをコピーする

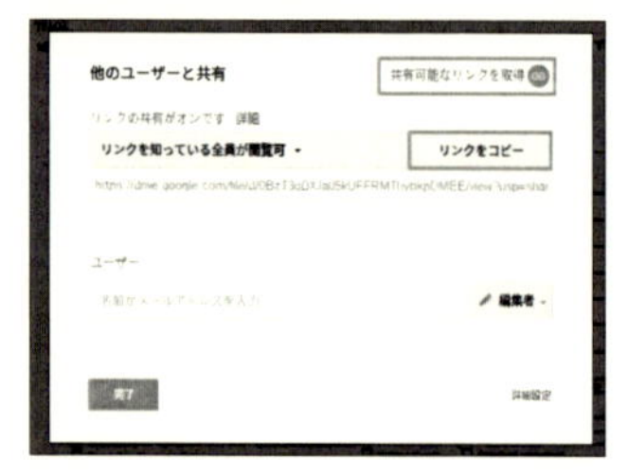

文字列を選択し、リンクボタンをクリックして、さきほどコピーした共有URLをペーストする

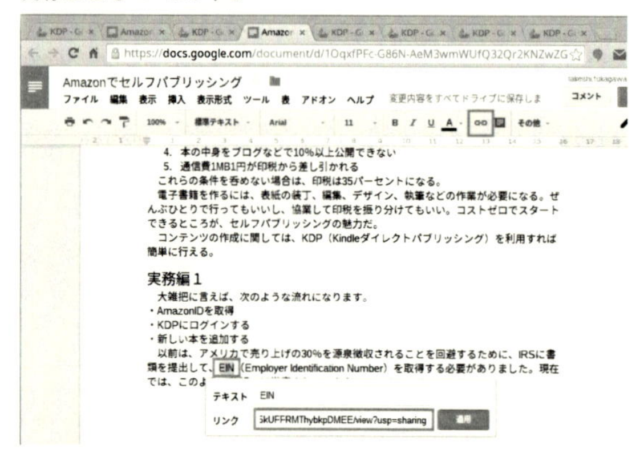

外部のメンバーとドキュメントを共有する場合、もうひとつ、解決すべき問題がある。

プロジェクトメンバー全員が編集権限を持っている場合、意思の疎通が図れていないと、バラバラな方向に文書を更新してしまうことがある。そんなときはいったん元の「みんなが納得している」ところまで立ち返らなければならない。そんなときに役立つのがGoogleドライブの履歴管理機能である。

編集を加えるごとに細かな履歴を残しているので、いざというときに古い版に戻すことができる。

対面のミーティングを行うとすれば、このようなタイミングだろう。

「ファイル」メニューから履歴履歴を表示することができる。選択して「この版を復元」をクリックすると、文書の内容がその版に書き換えられる

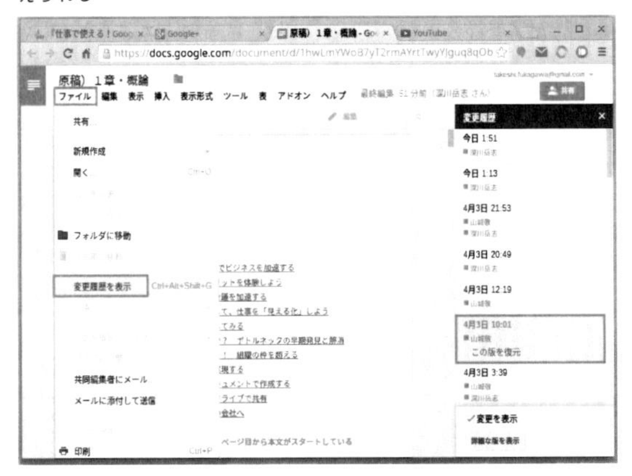

メンバー全員で目標とそこにいたるプロセスを確認し、指針となる文書を作って、作業文書の先頭にリンクしておく。このようにして、逐次修正を加えつつ、成果を共有していけるのがGoogleドキュメントの特徴だ。

キャビネットのない会社へ

キャビネットはオフィスの象徴である。キャビネットとロッカーと机と椅子があれば、どんな場所でもオフィスらしく見える。

では、キャビネットはオフィスの必需品だろうか。以前はたしかに必需品であった。会社の活動を記録し、整理して保存するには、キャビネットを活用するしか方法がなかったからである。

しかし、いまは違う。パソコンの導入とインターネット、クラウドツールの普及で世界は変わった。

キャビネットを買うくらいなら、Googleドライブの中にフォルダを作ればいい。昔のキャビネットと現在のフォルダは同じである。どちらも整理、分類して、保存するものだ。ならば、有料で場所をふさぐキャビネットよりはフォルダのほうがいい。

Googleドライブの容量は、無償の場合15GB。ストレージサービスとしては平均的な容量だ。

必要に応じて有償プランも用意されている。月額1.99ドルで100GB、9.99ドルで1TBまで増やすことができる。あるいはGoogleのグループウェアである「G Suite Basic」（1人月額500円）を契約すれば容量は30GBに増え、5人以上の組織が「G Suite Business」（1人月額1200円）を契約すれば、容量の制限はなくなる。

大きな部屋を占領されるくらい資料のある会社なら、キャビネットをフォルダに変えるだけで賃料を下げたり、ワークスペースを拡げたりできる。

コストだけではない。

ワークスペースの中心をクラウドに置くことで、すべての文書や仕事内容についての検索が可能になる。

キャビネットは物理的な制約があるので、深い階層の分類ができないし、一度決めた分類の基準を変更するのは大変だ。さらには各部署に専用のキャビネットが存在し、社内の資料がどんどん分散していくことになる。

ネットにデーターを置くことの価値は第一に共有できること、第二に検索により分類整理が必要なくなることである。ひとつのフォルダにあまりにもたくさんのファイルがあると視認性が悪くなるので、フォルダでも一応の分類は行うが、じつは検索すればデーターがどこにあろうと探し出せる。

検索はGoogleのいちばんの基幹技術である。

Googleドライブは非常に緻密な検索が行える。一見、キーワードを入力するだけの単純な検索画面に見えるが、じつは条件付きの検索が行えるのだ。

検索時にファイル形式、アプリの種類、オーナー（自分がオーナーか他人がオーナーか）、公開設定などを指定して検索することができる。

検索オプションを使えば自分がオーナーであるドキュメントのリストも一発で検索できる。

キャビネットの鍵に相当するものは、権限だ。ファイルやフォルダに権限を与えることで、アクセスできるメンバーを特定したり、不特定多数に公開したりできる。鍵の管理が不要になるだけで、事務処理が効率化する。

自社内にサーバーを置けば安心というのはたんなる幻想にすぎず、最新のセキュリティ技術で守られたクラウドのほうがじつは安全性が高い。大規模災害などでの事業継続性も貢献できる。これからの組織では、記念品としての書類以外はすべてデジタル化し、クラウドで保存されることになるだろう。

ドキュメントによる仕事の共有

Googleドキュメントで仕事を「みえる化」する

このセクションのまとめ

Googleドキュメントの「共有」機能を使うことで、これまで個人や組織の壁に隠されていた仕事を「みえる化」することができる。まず、今までパソコンの中にあった様々な文書をGoogleドキュメント形式に置き換え、そのメリットを感じてみよう。

文書を共有してアイデアを育てる

組織の中を膨大なペーパーが行き来し、最終的にはキャビネットや個人ファイリングの中に収まって死蔵される。あるいはPDF化されて、個人のパソコンのなかで眠る。似たような名前のファイルがパソコンのデスクトップに散乱し、どれが重要かわからなくなる。

こうした現状を打破するために、Googleドキュメントの共有機能を使うところから始めてみよう。日常的に作成しなければいけない報告書や会議のための資料、議事録などの文書を共有してみる。

たとえば、会議で配布する資料作りを最初の時点からGoogleドキュメントで作るとどのような変化が起きるだろうか。

まず第一に、会議に参加するメンバーのアドバイスを得ることができる。これまでは、根回しで先に見てもらう人は除いて、資料とは会議ではじめて目にするものであった。

当然、完成するまでアドバイスがもらえない。いきなり本番に直面し、採用か不採用かが決まってしまう。ハードルが高いほど萎縮してしまうのは人間の常で、オリジナリティは薄いが、責めるべき欠点もない無難なアイデアを選択しがちになる。

最初からメンバーに見られることを前提にして資料を作成すると、どんどんアイデアを書き込んで、反応のいいものを選ぶことができる。資料収集の段階で「こんなものもある」と教えてもらえることもある。

自分も他人の資料作りに参加することで刺激を得られるし、プロジェクトメンバー間の一体感が高まる。

リーダーからすると、督促しなくても各自の進捗状況を把握できるので、プロジェクト全体の進行を整えやすくなる。いわゆるホウレンソウ（報告・連絡・相談）が自然にできるようになるのだ。

プロジェクトリーダーは、メンバーが作業をするフォルダを作り、共有設定を行う。フォルダに共有設定を行うと、その下にあるファイルやフォルダはすべてメンバーで共有できるので、いちいち設定をする必要がなくなる。

Googleドライブの「新規」→「フォルダ」をクリックして、名前を変更し、「作成」ボタンをクリックする

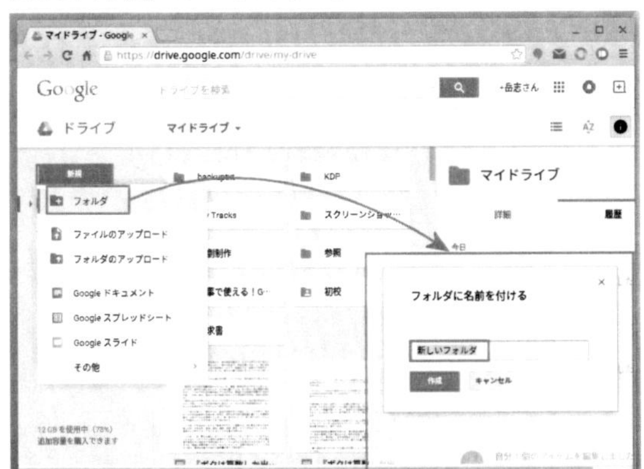

これで、クラウド上に共同作業場が完成するのだ。

フォルダを右クリックして、「共有」を選択。メンバーのメールアドレスを入力し、権限は「編集者」に設定する

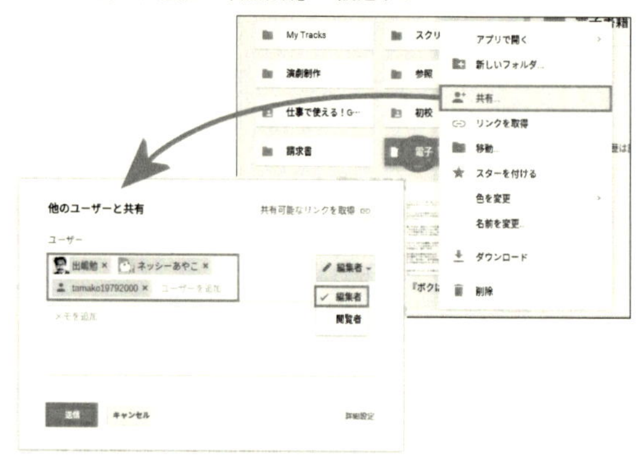

以後は、各自が「新規作成」から「Googleドキュメント」を選択し、新規文書を作る。リーダーがテンプレート文書を用意している場合は、コピーを作って、ドキュメント名を変更すればいい。

議事録や報告書なども同様に共有文書を作り、徐々に書類仕事そのものをクラウドに移行していこう。

コメント機能でコミュニケーションを取る

資料を作る道のりは一本道ではない。

ふつうはテーマ設定、テーマに沿った資料集め、構成作り、作成という順序で進んでいくだろう。最初からテーマが決まっている場合は資料収集から始まる。

では、実際にこの順番でまっすぐに行くかというとそうではなく、構成を考えているうちに新しい資料が必要になったり、実際に執筆しているうちに追加の資料が必要になったりする。行ったり来たりの繰り返しだ。

先ほど作った「クラウド上の作業場」で他人からのアドバイスを受けたり、他人にアドバイスするときは、Googleドキュメントのコメント機能を使う。

文字を選択し、コメントスレッドを開き、「コメントを追加」をクリックして、コメント欄に入力。「コメント」ボタンをクリックする

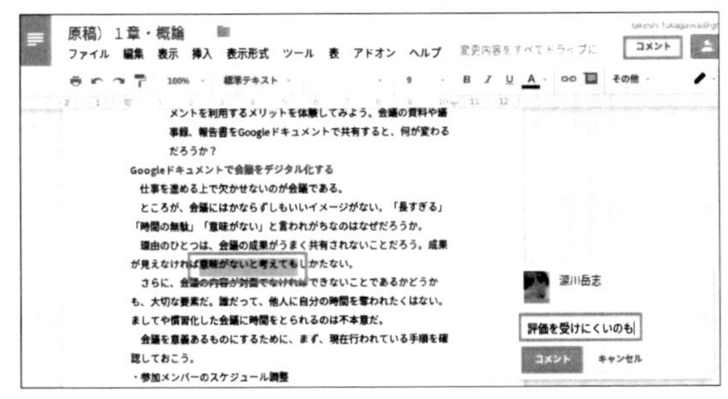

すでにあるコメントをクリックすると、コメントに対してコメントを追加し、コメントスレッドを作ることができる

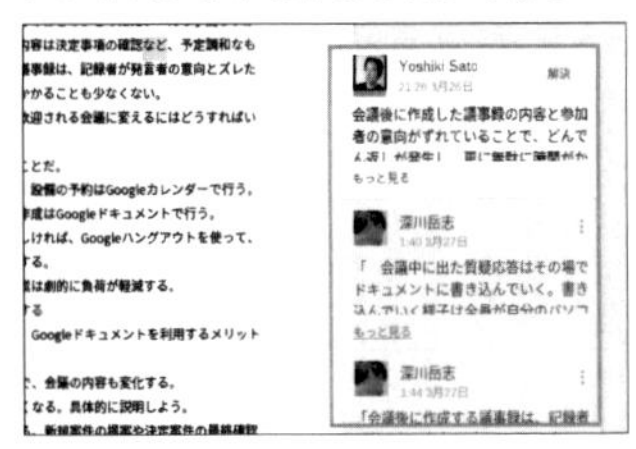

せっかくコメントしても気づかれないのではないかと心配になるかもしれない。コメントスレッドの内容はオーナーにはGmailにメールとして届く。それ以外の人にも届くようにするには、コメントの文中に『+メールアドレス』を入れるようにするといい。

『+(メールアドレス)』を追記することにより、コメントスレッドがオーナー以外の人のGmailに届く

詳しくは後述するが、スレッドが長く伸びて話が錯綜してきたら、

Google+ハングアウトに移行したほうが効率的なコミュニケーションが行える。Google+ハングアウトは文字によるチャット（グループチャットにも対応）、音声通話、ビデオ会議に対応している。

なお、コメントスレッドでやりとりが続き、問題が解消して本文に反映されたら、スレッドの先頭にあるコメントの「解決」ボタンをクリックしてみよう。コメントスレッドがアーカイブされて消える。必要があればまた同じ状態から再開できるので、問題が解消したらこまめに「解決」をクリックしよう。解決済みのスレッドを消すことで、これから解決しなければならない問題点がわかる。

テンプレートを共有して手間を省く

社内にはさまざまな書類のテンプレートが存在している。

テンプレートとは書式であり、ノウハウでもある。

議事録ひとつとっても、そのときの担当者によってバラバラな形式で記述されると、複数の議事録を読む場合に面倒でしかたがない。

会議名、日時、場所、参加者、議題、議題のまとめ、討論、決定、残された課題など、書き込むべき項目と順番が決まっていれば、誰が書いても同じ書式の議事録ができる。

見出しや修飾機能を使って、議事録のテンプレートを作っていく

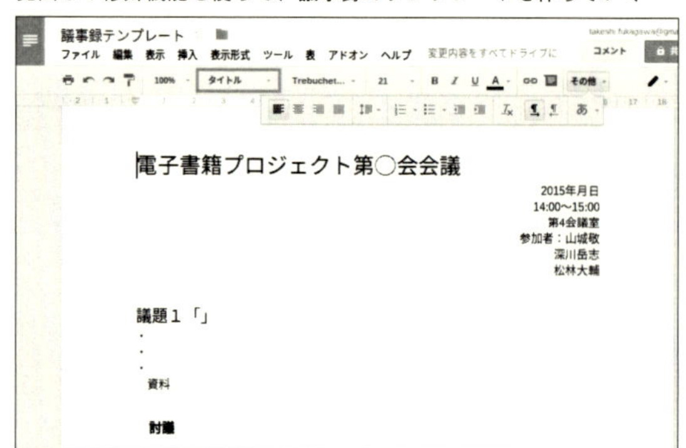

Googleドキュメントは簡易ワープロなので、会議名は文字を大きく、日時、場所、参加者などは右揃えで、議題のまとめは個条書きにするなどのレイアウトを施すことができる。

できあがったテンプレートはテンプレート用のフォルダを作って、保存する。必要な人はそのドキュメントのコピーを作って利用する。

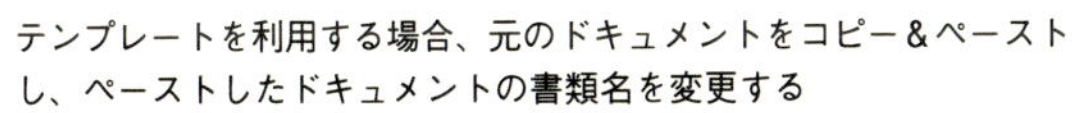
テンプレートを利用する場合、元のドキュメントをコピー＆ペーストし、ペーストしたドキュメントの書類名を変更する

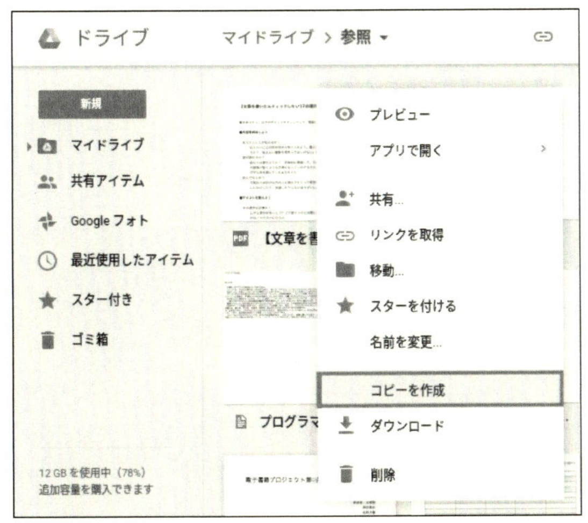

議題にはそれぞれ発表者の作った資料がある。しかし、資料をそのまま転載したのでは、議事録が冗長になってしまう。

このような場合はリンク機能を使う。

資料の共有URLをコピーして、議題の文字列にリンクを張れば、参加者は必要なときに資料を表示できる。

会議の資料をA4一枚にまとめよ、というのはよく言われることだ。それだけの分量だと詳細なデーターは組み込めない。となると、資料からさらに「資料の資料」がリンクされることになる。

すでにそういった基礎資料は頭に入っているという参加者はリンクを無視すればいいし、細かな資料に当たりたい人はどんどんリンクをたど

ドキュメントの共有リンクをコピーするには、ドキュメントを右クリックして、メニューから「リンクを取得」をクリックする

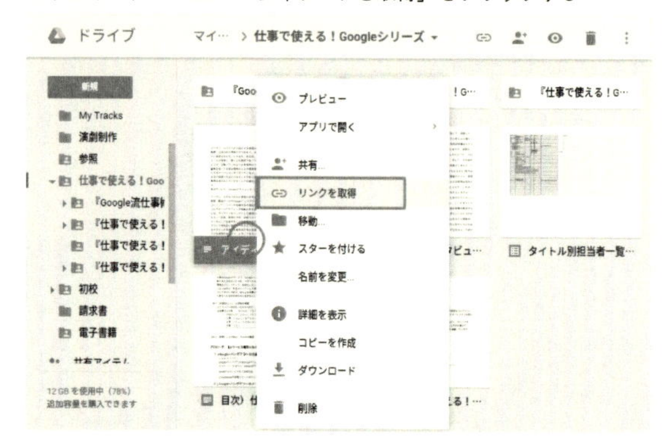

文字列を選択し、あらかじめ調べておいた共有URLを貼りつけて「適用」をクリックする

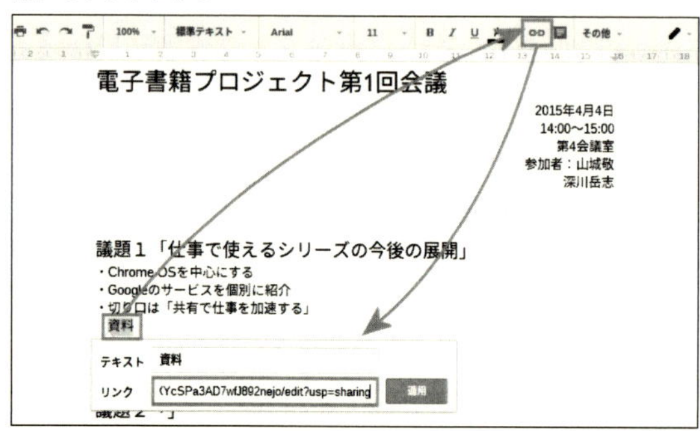

ればいい。ファイルをある程度の短さにまとめて、詳細な部分は別ファイルに分けることで効率的な情報伝達が可能になる。

フォルダの共有と整理

このセクションのまとめ

オフィスにつきものなのは、文書を整理・保管する「キャビネット」だろう。Googleドキュメントで作られたファイルを保存する「フォルダ」を新しいキャビネットと捉えてみる。仕事で

使うためのフォルダの整理や設定、利用法を考えよう。

すべての資料は検索可能になる！

Googleドキュメントのフォルダは、オフィスに付きもののキャビネットと同じ働きをする。しかし、両者は物理的な容量をとるかどうか、検索できるかどうかという点で大きく異なる。

WebをGoogle検索で検索するように、GoogleドライブもまたGoogleの検索技術を使って検索できる。

一見シンプルにみえるGoogle検索だが、じつは非常に緻密な条件設定を行えるほか、人工知能を活用した自然言語検索（人間が日常生活で話すような言葉を機械が認識して検索言語に置き換えてくれる新しい検索手法）にも対応している。検索オプションのことはすでに述べたが、ここでは、さらに詳細な条件を加える方法をみていこう。

Google検索には、演算子を使うことができる。

検索窓に「田中部長」と入力して検索すると、じつは「田中」と「部長」のふたつのキーワードで検索が実行される。結果として、部長ではない田中さんも検索結果に表示されてしまうことになる。

これを防ぐにはダブルクォーテーションと呼ばれる記号を使う。

「"田中部長"」

とすれば、キーワードは分割されることなく、田中部長だけがヒットする仕組みだ。

もうひとつ引き算の演算子もある。取引先の田中株式会社について検索したいが、日報は外したいという場合はハイフンを使う。「田中株式会社 -日報」とすれば、日報という言葉の入ったファイルは検索の対象外となる。

ほかにもGoogleドライブで使える演算子がいろいろあるので、表にまとめてみた。

演算子	説明	例
""	完全に一致する語句を含むドキュメント	"完全一致"
-	特定の単語を含まないドキュメント	-日報
owner:	特定のユーザーにより所有されているドキュメント	owner:taro@gmail.com
from:	特定のユーザーにより共有されているドキュメント	from:taro@gmail.com
is:starred	スターを付けたアイテム	is:trashed
is:trashed	ゴミ箱に移動したアイテム	is:trashed
type:	ドキュメントの種類	type:document
before:YYYY-MM-DD	特定の日付より前に編集されたアイテム	before:2015-05-01
after:YYYY-MM-DD	特定の日付より後に編集されたアイテム	after:2015-05-01
title:	アイテムのタイトル	title:"議事録 2015"

プロジェクトごとにフォルダを共有する

オフィスに自分のデスクがあり、参加しているプロジェクトにも専用の会議室が用意してあれば最高の仕事環境だ。現実的には無理のある設定だが、Googleドライブなら簡単に実現できる。

プロジェクト単位に共有フォルダを作るだけいい。

フォルダに共有設定をすれば、招待したメンバーしか見ることはできないので、そのままクラウド上の専用会議室となる。

専用会議室には鍵がかかっている。誰もが自由に出入りできるようでは専用とはいえない。

フォルダを右クリックして「共有」を選択。さらに「共有可能なリンクを取得」をクリックし、「リンクを知っている全員が閲覧可」から「詳細」をクリックすると、リンク共有の設定画面があらわれる

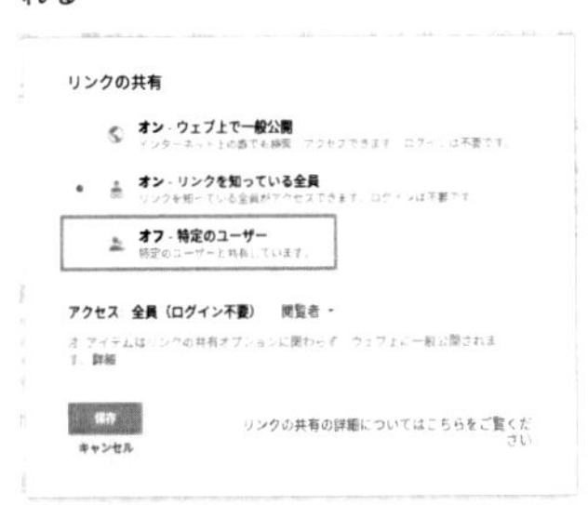

Googleドライブの場合、まずリンクの共有をオンにするかオフにするかで2種類にわかれる。さらにオンの場合、ウェブ一般で公開するか、リンクを知っている全員に公開するかで2種類にわかれる。ウェブ一般で公開にした場合は、ネット検索の対象となるので、ブログやホームページを作るのと変わらない。通常仕事でそんな設定をすることは少ないだろうが、オンの場合アクセス権限として「閲覧者」か「編集者」かを選ぶことができる。

リンクの共有をオフにした場合は、招待したユーザーだけがフォルダにアクセスできる。

リンク共有をオフにした場合は、メールアドレスを入力して、招待する。複数のメールアドレスを入力することも可能。ひとりひとつについて異なる権限を付与することもできる

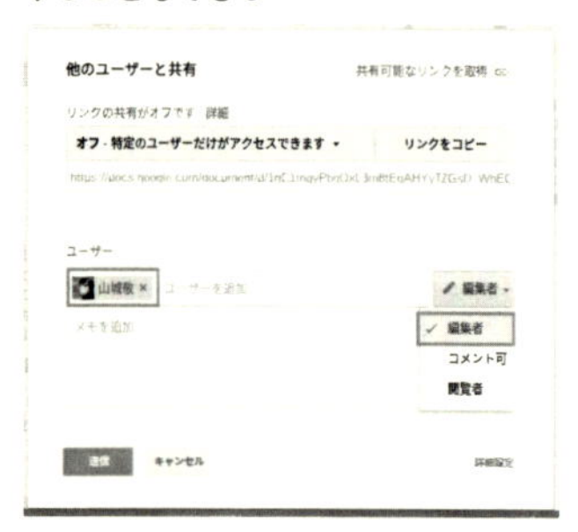

共有メンバーを招待する際には、ドキュメント作りに具体的に参加する人、閲覧してコメントをつける人、閲覧するだけの人の3段階に権限を設定できる。

もうひとつ、オーナーという権限があるが、これはフォルダやファイルを削除できる管理者だ。プロジェクトの場合、リーダーがオーナーとなり、フォルダを作成することが望ましい。ただし、自分がプロジェクトを外れるときには、オーナー権限を他人に委譲することも可能だ。

フォルダを右クリックして「共有」を選択。さらに「他○人」をクリックして「共有設定画面」を出し、オーナーにしたい人を選んで、オーナーに指定する

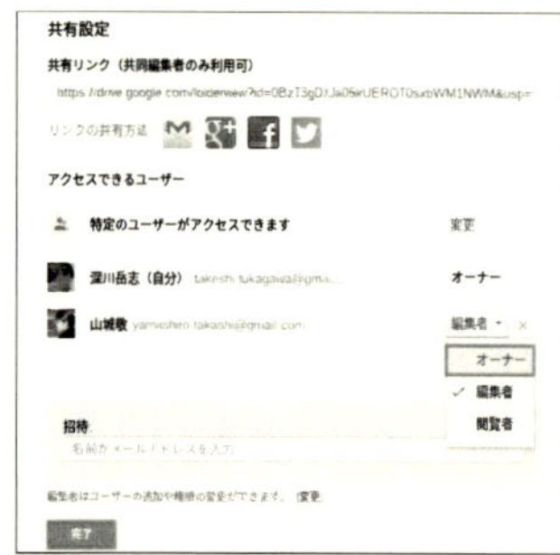

共有設定はいつでも変更できるので、プロジェクトが完了した時点で、社内全体で共有したり、共有URLを知る人なら誰でも見られるようにできる。

共有フォルダの下にサブフォルダを作ると、そのフォルダは自動的に上位フォルダの共有設定を引き継ぐが、設定を変更することも可能である。

たとえば、写真とか説明図、スクリーンキャプチャ、取材音声などの素材まで共有するのはセキュリティの問題がある、ということになれば、共有設定を必要な人だけに絞ることもできる。反対に、カメラマンとは写真フォルダだけを共有したいということであれば、そのフォルダにだけ権限を追加すればいい。

共有方法	説明	Google アカウントへのログイン
特定のユーザー	招待した特定のユーザーやグループのみと共有	必須
リンクを知っている全員	リンクを知っているユーザーは誰でもアクセス可	不要
ウェブ上で一般公開	インターネット上の誰もがファイルやフォルダにアクセス可	不要

共有範囲に注意しよう

キャビネットの鍵が、フォルダのアクセス権限に相当する。そのため、権限の管理は非常に大切だ。

キャビネットの場合は、そのキャビネットが置かれた場所に入れるかどうかで、アクセスは物理的に制限される。

Googleドライブの場合は、フォルダは世界のどこかにある。すくなくとも社内には存在しない。

フォルダにアクセスできるかどうかは、権限があるかどうかだけで決まる。

リンクの共有をオンにするかオフにするか。機密性を重視する場合は、リンクの共有をオフにして、限られたメンバーを招待する方法が有効だ。この場合はフォルダの共有リンクを知っていても、招待されない限り中をみることはできない。

編集者にするか、閲覧者にするかという選択も大切である。

編集者権限があると、ファイルの内容を自由に書き換えることができる。たとえば、議事録のように会議に参加したメンバーが全員内容訂正の可能性をもつ場合は、全員「編集者」のほうがいい。ドキュメントの変更履歴は自動で作成されるので、書き込みがバッティングする問題はあまり考えなくても大丈夫だ。

	閲覧者	閲覧者(コメント可)	編集者	オーナー
ファイルとフォルダを閲覧する	○	○	○	○
ファイルを端末にダウンロード、同期する	○	○	○	○
コピーを作成して Googleドライブに保存	○	○	○	○
ファイルにコメントや編集の提案を追加		○	○	○
ドキュメント、スプレッドシート、プレゼンテーション、図形描画を編集する			○	○
他のユーザーとファイルを共有、共有を停止			○	○
ファイルをフォルダに追加する、フォルダから削除する			○	○
ファイルの版をアップロード、削除			○	○
ファイルやフォルダを削除する				○
ファイルやフォルダのオーナー権限を他のユーザーに譲渡する				○

とはいえ、ふつうは参加メンバー全員を編集権限ありにすると混乱する。全員が対象フォルダ、対象ドキュメントに対してなんらかのアクションを起こすことを期待されているので、コメントを待って無駄な時間が発生したりする。リーダーと当事者のみが「編集者」権限をもち、ほかのメンバーは「コメント可の閲覧者」として参加する程度が作業を進め

やすい。

組織外の協力者とどう連携をとるかも、権限の設定次第だ。

参加者がGmailアドレスを持っていない（Googleアカウントを作成してない）場合は、リンクの共有をオンにしないと、共同作業に参加できない。リンクの共有をオフにした場合は、Googleアカウントへのログインが必要になる。

共有リンクを知っている人間全員に公開の場合は、メールで共有URLを伝えるだけで、フォルダへのアクセス、編集が可能になる。そのかわり、誰が編集したか、コメントをつけたのかがわからなくなる。

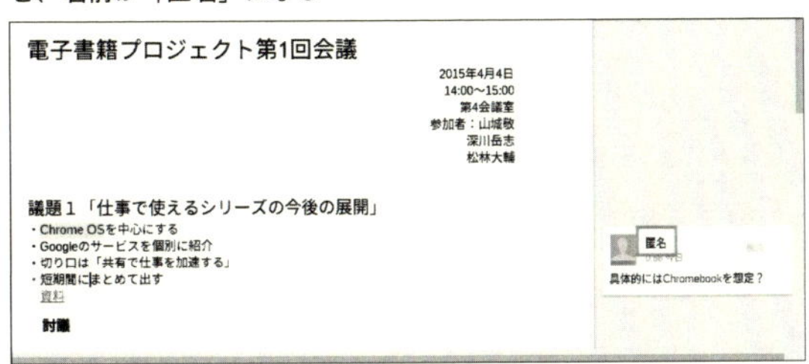

Googleアカウントにログインせずに作業したり、コメントをつけると、名前が「匿名」になる

匿名性を利用して、誰が編集したかわからない方式でドキュメントを作りたいといった意図があるならリンクの共有をオンにする方式も面白いが、安全度は低下する。万が一、共有URLが漏れてしまえば、誰でもアクセス可能になってしまうからだ。

共有のリンクをオンにして使うのは、機密性の高くないドキュメントの場合のみに限定したい。

他のGoogleアプリも利用する

このセクションのまとめ

ドキュメントの共有を使って仕事をすすめる中では、簡単な議論や連絡などが発生することがある。そんな時には同じGoogleのサービスであるGoogle+ハングアウトやカレンダーと組み合わせることで、効率よく仕事をすすめることができる。

コメントから議論に発展したらグループチャットが便利

Googleドキュメントのコメント機能はコミュニケーションの場としても利用できるが、スレッドが長くなると、追いかけるのが大変だ。

途中で話題が変わったりすると、そのコメント自体が行方不明になってしまう。コメントのスレッドはディスカッションという形でオーナーのGmailに届くので、検索をかければ所在はわかるのだが、手間であることにちがいはない。

Gmailに届いたディスカッション。リンクをクリックすると、ドキュメントの該当コメントが表示される

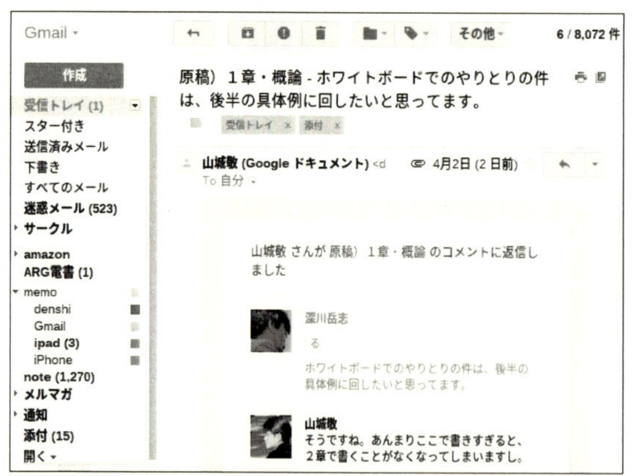

ドキュメントのコメントが元になって議論が活発化した場合は、その

議論を行っているメンバー（かならずしもフォルダ共有メンバー全員とは限らない）で、Googleハングアウトを利用すればいい。

Googleハングアウトは、Googleアカウントを利用して、チャット、グループチャット、音声通話、ビデオ会議が行える。

複数のメンバーで招待しておこなうグループチャット（文字による会話）

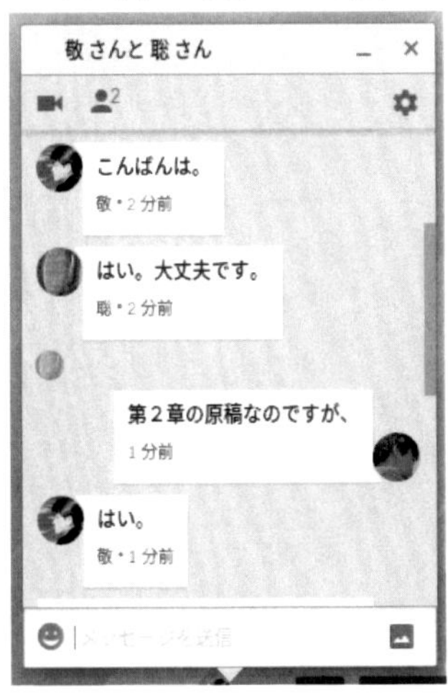

このなかでもとくにオススメなのは、グループチャットだ。理由は履歴が残るからである。誰がなにを発言したか、テキストファイルとしてまとまるので、仕事で使うのに便利だ。

そこでの討議が有用なものであれば、内容をまとめて新しいドキュメントを作り、元ドキュメントからリンクを張ってもいい。まとめる作業が面倒ならば、記録されたテキストをそのままドキュメント化してもいい。

込み入った話になると、音声通話に切り替えたほうが効率的かもしれない。ただし、音声やビデオは記録に残らないので、記憶が鮮明なうちにそこで決めたことをコメントとしてドキュメントに記入するなど、自分自身で記録する必要がある。

グループチャットの記録はコメントのスレッドと同じく、Gmailにテキストとして残るので、検索すれば発見できる

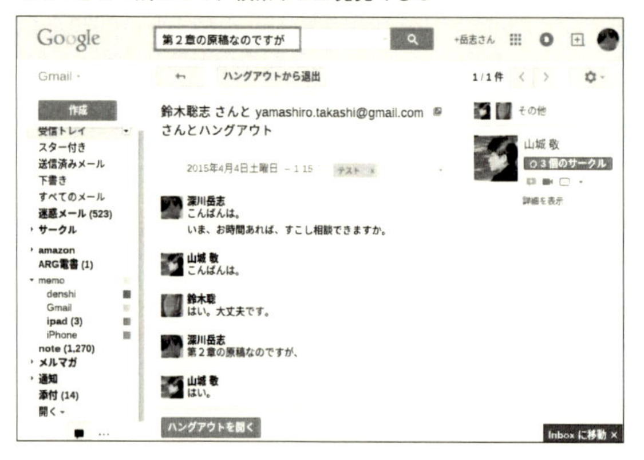

カレンダーの共有でスケジュールと文書を連携

　プロジェクトにおけるスケジュール管理はどのようにすればいいか。

　たとえば、会議ごとに作る共有議事録をプロジェクトの中心に据えるとしたら、そこにプロセスごとの完了予定日を書いておく。しかし、この方法も人数が多くなると、複雑化する。とくに個人が複数のプロジェクトに参加している場合は、どの程度の仕事量がどの期間に集中しているかが見えづらくなる。自分のスケジュールを確認するために複数の議事録ドキュメントにアクセスしなければならないからだ。

　このようなときに便利なのが「Googleカレンダー」である。なぜ便利かというと、予定を共有する機能がついているからだ。

　予定を共有って？　と疑問に思われる方もいらっしゃるかもしれない。実際にカレンダーを共有してみよう。

　Googleカレンダーは個人で利用している場合も、いくつものカレンダーを組み合わせて使う。単純にいうと「仕事」「プライベート」の2つに分類できるし、「家族」「外出」「イベント」などいくらでも細分化することができるだろう。いろんな種類の予定をレイヤー化して重ねて表示しているイメージである。

「マイカレンダー」右横の「▼」をクリックし、「新しいカレンダーを作成」をクリックする

新しいカレンダーの作成
カレンダーの情報
« カレンダーに戻る　カレンダーを作成　キャンセル
カレンダー名　「仕事で使える」制作
説明　仕事で使える！ Chromebookプロジェクトの予定。終日の設定で記入すること。
場所　例: 一般公開カレンダーの場合は、対象エリアの地名を入れておくと他のユーザーが見つけやすくなります。

新しくプロジェクト用のカレンダーを作ったら、そのカレンダーをメンバーと共有する。

カレンダーの右横の「▼」をクリックし、「このカレンダーを共有」を開く。共有したい相手のメールアドレスを入力し、権限を決めて、通知する。権限はあとからの変更も可能だ

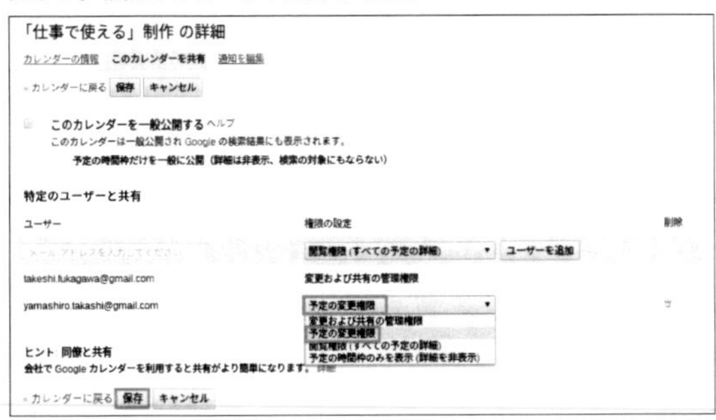

カレンダーの共有権限は4種類ある。「変更および共有の管理権限」「予定の変更権限」「閲覧権限（すべての予定の詳細）」「予定の時間枠のみを表示（詳細を非表示）」だ。

「予定の変更権限」以上の権限があれば、共有したカレンダーに自分の予定を書き加えることができる。プロジェクトメンバー全員が自分のプロセス完了日を書き加えていけば、自動的にプロジェクト全体のスケジュールが可視化される仕組みだ。

時間を指定せずに予定を入れると、終日の部分にプロジェクトの予定を固めて表示できる

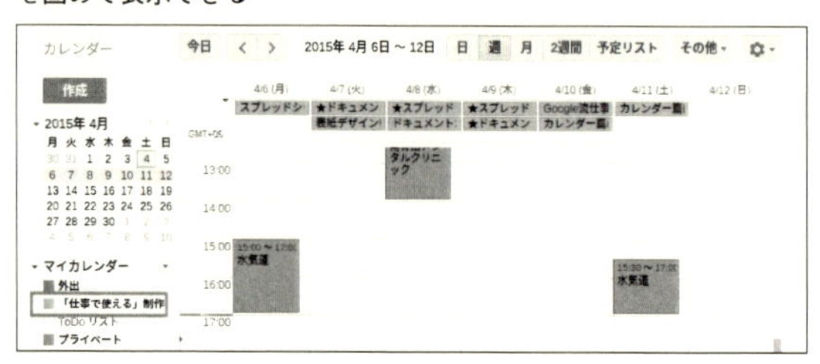

この方法のメリットは、自分だけでなく、全体の様子（仕事の込み具合）がひとめでわかることである。自分の〆切りはそれほど切迫していなくても、まとめる係の人が大変な重複になっているとわかれば、〆切りを前倒ししたり、あるいは、逆に遅めに変更して、集中を防ぐことも可能だ。

複数のプロジェクトに参加している場合は、複数のカレンダーを共有する。カレンダーごとに表示色を指定できるので、見やすい。

また、Googleカレンダーには通知機能がついているので、大事な〆切りの前に日付や時刻を指定すると、予定をメールやポップアップで知らせてくれる。

Googleサイトで共有をさらに判りやすく

Googleドライブのフォルダはオフィスのキャビネットに相当する。キャビネットにしまった書類を取り出すのは面倒だ。同じように、現在作成中のドキュメントをフォルダ階層をたどって取り出すのも手間である。第1章でも紹介したGoogleサイトをうまく利用すると、この手間が軽減できる。

Googleサイトは、クラウド上にあるホームページ作成ソフトだ。アプリと保存領域が一体化している。

ホームページはHTMLとCSSの組み合わせでできている。HTMLは

コンテンツの中身と構造を指示するタグであり、CSSはデザインを規定するタグである。しかし、Googleサイトを作るのにこうした専門知識は必要ない。ワープロで文書を作るような感覚で、文書や写真を配置していける。

Googleサイトにアクセスし「サイトを作成してみましょう」をクリック。さらに「作成」をクリックして新規サイトを作る

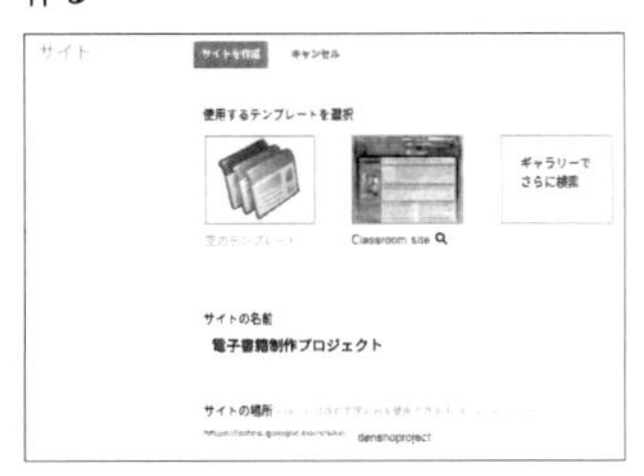

新規ページを作ると、自動的にリンクも表示してくれる。

Googleサイトは無料で利用する場合も、1ユーザーあたり100MBの容量が提供される。テキストと写真で構成する場合、かなり使い勝手のある容量である。G Suiteの場合は初期容量が10GB、それに加えて1ユーザーあたり500MBの巨大な容量を利用できるほか、2016年11月から提供が開始された新しいGoogleサイトでは容量無制限でサイトを作成することができる。

Googleサイトの特徴は他のGoogleサービスとの連携機能にある。Googleドキュメントや Googleカレンダーの内容を、簡単に埋め込むことができるのだ。

挿入メニューからは「Apps Script」「カレンダー」「グラフ」「ドライブ」「Google+」「グループ」「ハングアウト」「地図」「YouTube」を選択できる。

トップページにプロジェクトメンバーで共有しているカレンダーと現在作成中のドキュメントを貼り付けておけば、ひと目みるだけで予定が

「挿入」メニューから「カレンダー」をクリックし、一覧からプロジェクト用カレンダーを選べば、サイトトップにプロジェクトカレンダーが表示される

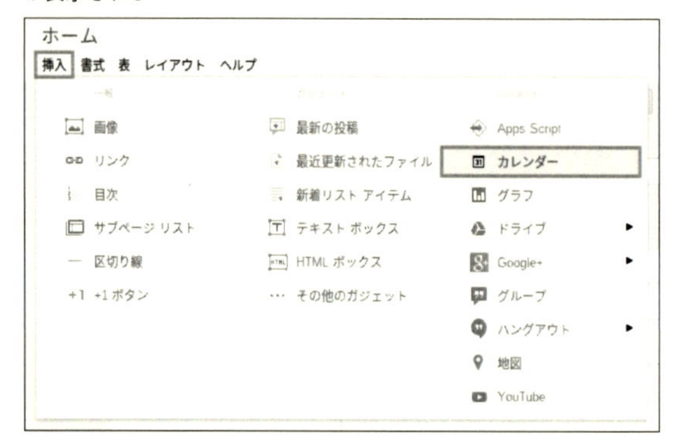

サブページを作成し、「挿入」メニューから「ドキュメント」を選んで、作成中のドキュメントページを貼り付ける

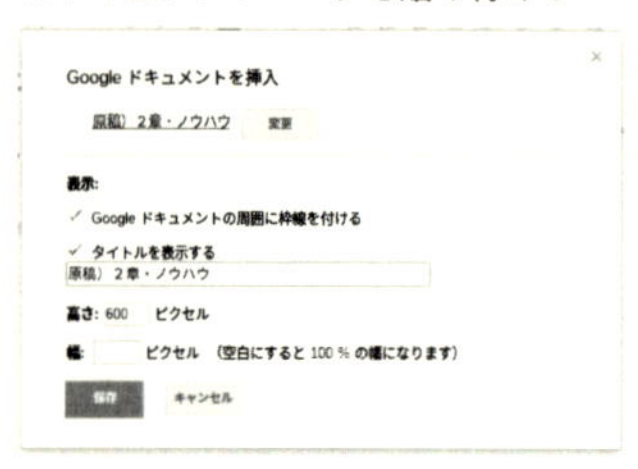

わかり、作業中のファイルを開くことができる。

仕事のための個人やグループのポータルサイトを作ることができるのだ。ブラウザーの起動ページに自分ポータルを登録しておけば、一日の始まりにブラウザーを開くだけで、すぐに予定の確認と作業すべきドキュメントがわかる。

GoogleカレンダーやGoogleドキュメント上で変更が加えられると、Googleサイト上に挿入されたドキュメントにも反映される。

きわめて便利だし、共有作業を行っている場合は、共有しているメンバーにも活用してもらうことができる。あまり知られていないサービスだが、現在進行形の情報をまとめる場所としてぜひ利用してみたい。

「共有」ボタンをクリックし、権限を設定する。デフォルトでは「一般公開」になっているので、注意しよう。特定のユーザーのみに設定したら、メールアドレスを入れて送信する。

さらに、Googleサイトはサイト単位あるいはページ単位で共有範囲を変更できる。個人が社内向けに自己アピールするサイトと、プロジェクト単位のポータルサイトを同時に運営することが可能になる。

「ウェブで一般公開」を選択すると、通常のホームページとしても利用できる。プロジェクトが完了したら、製品なりサービスなりの情報を一般に発信していくサイトとしても活用できる。

Googleドキュメントを仕事で使う！ビジネス事例集

「会議」をGoogleドキュメントで改革

この事例のポイント

Googleドキュメントで議事録を共有することで、「会議」の効率やスピードを大幅に改善することができる。クラウドによる情報共有がビジネスに改革をもたらす事例を見てみよう。

「資料」と「議事録」を一つに

どの組織においても必ず会議は存在する。クラウドを活用するとこの会議の「究極の効率化」が実現できるのは、１章で述べたとおりだ。

関西を地盤とした各種金属の仲卸商社である豫洲短板産業株式会社は、2011年にG Suite Basic（導入当時はGoogle Apps for Work）を全社規模で導入。特に会議の効率化では、Googleドキュメントやカレンダーなどを組み合わせて、オフィスワークの生産性向上を実現している。

同社では、まず参加メンバーのスケジュール調整と会議室や設備予約はGoogleカレンダー上で管理。リアルタイムで空き状況が確認できるため、電話やメール、直接的な会話による調整や応答の待ち時間がなくなった。

そして会議当日は、実際に会議室に来られるメンバー以外はパソコン、タブレット、スマートフォンなどそのタイミングで使いやすいデバイスをつかってGoogleハングアウトでの会議参加を可能にしている。

参加者は会議中にも事前にGoogleドキュメントで作成された資料を、

議論しながら共同編集。議事の内容や決定事項をリアルタイムで追記していくことで、会議の終了時にはそのドキュメント自体がそのまま「議事録」となり、すぐに各自が次の行動を取ることができるのだ。欠席者には、共有ボタンをワンクリックして権限を付与すればよい。

この事例は先進的なものに見えるかもしれないが、Googleドキュメントの特徴である「情報共有」「リアルタイムな共同編集」「マルチデバイス」「ロケーションフリー」という特徴を機能を組み合わせることで実現可能となっている。

紹介企業の概要～豫洲短板産業株式会社

生産設備や各種プラントなどに使われるステンレス、チタン、アルミ、高機能材等の仲卸を行う専門商社。“ステンレス鋼材のデパート”をコンセプトに、常時2万点以上の在庫を揃え、自動倉庫や最新コンピュータシステムの導入により即応体制を構築し、顧客の細分化されたニーズに応えている。2010年に中国・上海、2012年にタイ、そして2013年にはベトナムに現地法人を設け、グローバル展開を促進している。

Googleドキュメント活用　before & after

[before：導入以前は？]

これまでの会議では参加者それぞれがWordやExcelを使って個別にファイルを作成したり、自分のノートに手書きでメモをとっていた。会議内容は録音されていたものの、議事録一つ作成するのにこれを聞き返して文字おこしをする必要があるなど、とにかく時間がかかる作業だった。

完成した議事録を回覧して発言内容を確認する段階でも、「こんな発言していない」「もっとこう書いておいて」などの要望を聞きながら修正を加え、ようやく完成したころには次の会議の時期になるということも多く存在していた。この議事録を完成させるために残業を行うことも”ごく自然に”存在していた。

[after：活用の効果]

リアルタイムの同時編集が可能になったことで、聞くだけの会議から全員が議事録作成者となって参加するようになった。発言者もその場で内容を修正でき、会議が終われば議事録が完成するため内容の確認も迅速化。議事録作成の負荷が大幅に削減されただけではなく、本来の会議の目的である意思決定の迅速化にもつながった。

また、資料を紙で印刷することがなくなったためペーパーレス化にもつながっている。会議録はGoogleサイトで社員に公開されるため、社内の情報共有もスムーズになった。

担当者の声：森隼人さん（豫洲短板産業株式会社　社長付）

時間に対する意識が数段上がったと認識している。海外出張が多い役員でも、リアルタイムに各部署の会議の進捗を確認できる体制がとれたことで、意思決定の迅速化につながった。

経営は時間との勝負なので、一分一秒の大切な時間を無駄にしない取り組みが何よりも大切。働く社員にとっても無駄な時間を省き、新たな挑戦の機会を得ることにもつながっている。

仕事のみならず残業時間の減少によりプライベートを充実させることもできる。限られた時間は私たちの命そのもの。この大切さに気づいたのも実際にGoogleのツールを活用したからに他ならない。

中小製造業の世界では全社をあげてIT化の取り組みが行われていることはまだまだ稀かもしれないが、もっと広がることで生産性の向上が可能だと強く感じている。

日本の技術の空洞化がささやかれる中、Googleのツールを積極的に活用し、文書・画像・映像を通じた技術承継も可能だ。もはや国境や国籍も関係なくなり、これまでグローバル展開に二の足を踏んでいた中小製造業がより活発に海外展開する道も開けると考えている。

書籍編集をクラウド共有でスピードアップ

この事例のポイント

一冊の本を編集するためには、原稿を執筆する筆者の他に、本の全体像を考える編集者や内容の正確性を高めるための監修者など様々なスタッフが参加する。この共同作業をGoogleドキュメントで改革することはできないだろうか。

作業の中心に「原稿」を置くスタイルへ

これまでの書籍編集では、原稿を筆者が執筆し、編集者とその内容についてやりとりを行い、完成した原稿を監修者や校閲担当が確認し……といった何段階もの文書（原稿）のやりとりを行って作業が行われていた。原稿完成後の作業がDTPで効率化された現在も、Faxのやりとりがメールに代わった程度で、本格的にインターネットとデジタル環境による変革は行われていなかった。

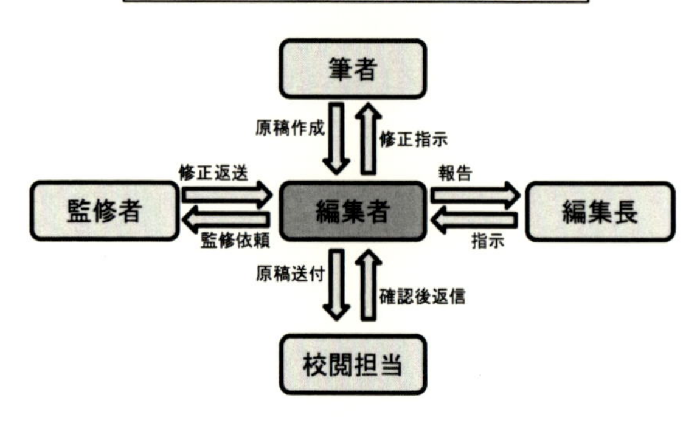

本書『仕事でつかえる！Googleドキュメント』の制作作業では、全面的にGoogleドキュメントなどのクラウドサービスが利用されている。筆者を始め、編集者や監修者が一つの原稿ドキュメントを共有し、執筆作業を進めている。

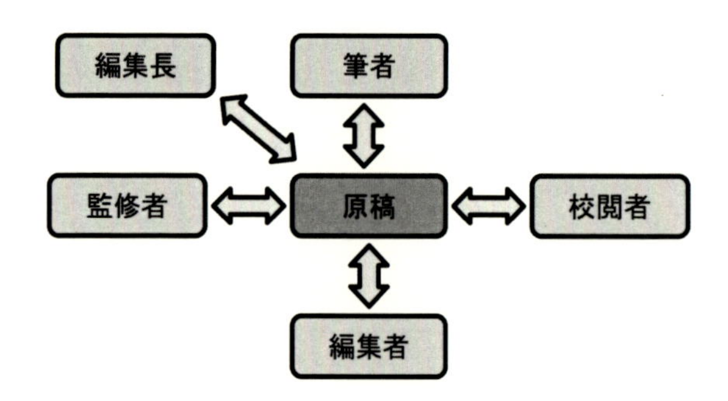

筆者が原稿を書くと同時に編集者が内容をチェック。監修者もドキュ

メントを共有しているため、内容の方向性や事実関係について問題があればすぐに指摘が可能となる。また、内容全般について上司である責任者が随時確認することも可能だ。これまでの「編集者が確認中」「監修者がチェック中」といった待ち時間が無くなり、制作作業は大幅に効率化。企画スタートから出版まで一ヵ月以下というスピードで編集作業が進められた。

それだけではない。本書は『仕事で使える！Googleカレンダー』『仕事で使える！Googleスプレッドシート』など、Google関連サービスのシリーズ書籍も同時に制作しているが、それぞれの担当者もこの原稿を共有している。これにより、シリーズ全体での内容の整合性や重複防止、カラーの統一も可能となった。

紹介企業の概要〜株式会社インプレスR&D

インプレスグループの一員として、デジタルファースト方式による次世代型出版事業をおこなう。NextPublishingメソッドによる電子出版を中核として、電子出版のための電子雑誌OnDeckを発行している。

Googleドキュメント活用　before & after

[before：導入以前は？]

原稿完成後のワークフローは「Nextpublishingメソッド」としてすべてデジタルファーストによる電子書籍と印刷書籍の同時出版を可能としていた。しかし、筆者と編集者等のやりとりはDropboxやメールなどでWordファイルをやりとりするなど旧来のままで、それぞれの作業工程で待ち時間やロスが生まれていた。

[after：活用の効果]

筆者と編集者、監修者が原稿となるGoogleドキュメントを共有し、リアルタイムで制作作業を行うことで、従来の待ち時間が激減。また、シリーズ書籍のについてすべてのメンバーが情報共有することで、各スタッフ・執筆者の参加意識の高いコラボレーションが可能となった。

担当者の声：深川岳志（本書筆者）

構成案をつくるところから文書を共有したのははじめての体験だった。

本を書く場合、作業の大半は個人作業で、構成案、目次案と節目節目で編集者の了解をとり、そのあとは章単位で原稿を渡していく。

編集者は社内の上司と相談したり会議にかけたりして筆者に返信のメールをくれるのだと思うが、その過程は目に見えない。

本書の場合、担当編集者だけではなく、決定権をもった上級職の方や監修者、複数のライターが文書を共有して、その場その場でアドバイスが入る仕組みになっている。

その結果、待ち時間がなくなった。

原稿を先に進めている間に、原稿の弱いところや抜けている視点、事実誤認などについて指摘が入る。それを直しつつ、原稿を続ける。原稿を書き終わったときには、図版作りも校正作業もほぼ完了している。

私の書く速度が上がったわけではないのに、進行は劇的にスピードアップした。これが「共有」「共同作業」の効果だと、書きながら思い知った次第である。

日報を全員で共有する仕組みで仕事を見える化

この事例のポイント

個人の業務をメンバー全員で情報共有し、仕事を「見える化」すると、効率化や業務改善の速度を上げることができる。クラウドによる情報共有で毎日の仕事をスピーディに改善した事例を見てみよう。

業務報告「ファイル」を一つにして、やり取りを一元化

会社において業務の報告は情報共有の中でも最も重要な要素だ。管理者は部下の日々の活動を業務報告を通じて知り、指示出して業務の改善を図る。

重要なのは、上司が確認してアドバイスした内容が、どれだけ早く担当者に届くかだ。この確認や伝達が遅れたり、滞ったりすると日々の業務に支障が出だけではなく、業務の改善も進まない。報告を提出しても返事が返ってこないのでは、スタッフのモチベーションも低下するだろう。しかし、多くの会社がまだ紙での業務報告を行っているのが現状だ。

チャットワーク社では、非常に早い時期からGoogleドキュメントを使った業務報告（日報）を導入し、高い成果を上げている。

同社では業務報告用のドキュメントのファイルを作成して、そこに毎日業務報告を記入している。上司は内容を確認しつつコメント機能を使ってアドバイスしたり、改善策の指示を出す。

また、上司による確認は一日以内に実施し、部下との緊密なコミュニケーションを図ることで、スピーディな業務改善やモチベーションアップにもつながっている。

紹介企業の概要～チャットワーク株式会社

クラウド型ビジネスチャットツール「チャットワーク」の開発およびサービスの提供を行っている。中小企業のIT化を目指して、これまで様々なITツールを販売してきた。2011年より自社で開発したアプリケーションの「チャットワーク」の販売を開始。現在では6万6000社以上の利用ユーザーがいるwebアプリに成長している。また、モチベーションにファーカスしたコンサルティング企業、リンクアンドモチベーションの組織診断「Employee Motivation Survey」において、2年連続「日本一社員満足度の高い会社」に認定されたユニークな働き方が注目を浴び

ている。

Googleドキュメント活用　before & after

[before：導入以前は？]

社内の全てのコミュニケーションを自社サービスの「チャットワーク」上で行っていたが、日報だけはチャットで行うと都度メッセージが流れてくるため、プロジェクトに関するやり取りを阻害する原因となっていた。

[after：活用の効果]

業務終了後に全員が1つの日報用のGoogleドキュメントに書き込むが、同時に書き込むスタッフがいても問題なく同時編集機能で1つの報告書にまとまる。

書き上がった日報はGoogle Apps Scriptを使って翌日の朝7時に全員にメールで配信されるため、情報共有がスムーズになりプロジェクトの進行に支障がなくなった。日報が送信されると書き込まれた報告がリセットされ、次の日の日報用のフォーマットになる。

担当者の声： 山本敏行さん（チャットワーク株式会社 代表取締役）

G Suiteは日本語版がリリースされる前の英語版が出た初日から全社で導入した。導入後は社内の資料のやり取りでMicrosoftワード、エクセル、パワーポイントの使用を禁止した。なぜならバージョン管理、ファイルの保管などで無駄なやり取りが発生するからである。

私はG Suiteが最も得意な分野は情報のストックであると考える。さらにストックした情報をパワフルな検索機能で適切に引き出すことができる。今後G Suiteを活用している企業とそうでない企業の差は歴然としてくると確信している。

著者紹介

深川 岳志（ふかがわ たけし）

昭和35年4月23日生まれ。ワープロ専門誌の編集者を経てフリーランス。著書は「プログラマの秘密」「プログラマの憂鬱」「電脳生活」（ビレッジセンター）「iPadすいすい仕事術」（中経出版）「Gメール完全活用術」「Googleマップ完全活用術」（アスキーメディアワークス）「仕事で使える！Chromebook」「仕事で使える！Googleドキュメント」「仕事で使える！Gmail」「仕事で使える！Chromeアプリ徹底活用」（インプレスR&D）など。Yahoo！のiPortalではスマホアプリを紹介している。

facebook:https://www.facebook.com/fukagawa.takeshi

監修者紹介

佐藤 芳樹（さとう よしき）

昭和54年4月17日生まれ。Hewlett-PackardやMicrosoftにて開発系エンジニア、製品エンジニア、製品マーケティングなどを経て、現在は米系IT企業のクラウドサービスやデバイスを専門とした技術者として活動中。著書としては「Google Appsではじめるクラウドグループウェアの教科書」（ジョルダンブックス）「仕事で使える！Googleカレンダー」「仕事で使える！Google Apps導入編」「仕事で使える！Googleドライブ」「仕事で使える！Googleハングアウト」「仕事で使える！Chromebook ビジネス活用編」「仕事で使える！Google Apps モバイルデバイス管理編」「仕事で使える！Windows 10」執筆と「仕事で使える！シリーズ」監修（インプレスR&D）、その他雑誌やWebの技術解説記事など多方面で執筆活動を行っている。

◎本書スタッフ
編集協力：深川岳志
AD／装丁：岡田章志＋GY
デジタル編集：栗原 翔

●本書の内容についてのお問い合わせ先
株式会社インプレスR&D　メール窓口
np-info@impress.co.jp
件名に「『本書名』問い合わせ係」と明記してお送りください。
電話やFAX、郵便でのご質問にはお答えできません。返信までには、しばらくお時間をいただく場合があります。なお、本書の範囲を超えるご質問にはお答えしかねますので、あらかじめご了承ください。
また、本書の内容についてはNextPublishingオフィシャルWebサイトにて情報を公開しております。
http://nextpublishing.jp/

●落丁・乱丁本はお手数ですが、インプレスカスタマーセンターまでお送りください。送料弊社負担に てお取り替えさせていただきます。但し、古書店で購入されたものについてはお取り替えできません。
■読者の窓口
インプレスカスタマーセンター
〒 101-0051
東京都千代田区神田神保町一丁目 105番地
TEL 03-6837-5016／FAX 03-6837-5023
info@impress.co.jp
■書店／販売店のご注文窓口
株式会社インプレス受注センター
TEL 048-449-8040／FAX 048-449-8041

仕事で使える！シリーズ

仕事で使える！Googleドキュメント Chromebookビジネス活用術 2017年改訂版

2017年9月8日　初版発行Ver.1.0（PDF版）

監　修　佐藤 芳樹
著　者　深川 岳志
編集人　山城 敬
発行人　井芹 昌信
発　行　株式会社インプレスR&D
〒101-0051
東京都千代田区神田神保町一丁目105番地
http://nextpublishing.jp/
発　売　株式会社インプレス
〒101-0051　東京都千代田区神田神保町一丁目105番地

印刷・製本　京葉流通倉庫株式会社
Printed in Japan

ISBN978-4-8443-9792-2

NextPublishing®
●本書はNextPublishingメソッドによって発行されています。
NextPublishingメソッドは株式会社インプレスR&Dが開発した、電子書籍と印刷書籍を同時発行できるデジタルファースト型の新出版方式です。 http://nextpublishing.jp/